钝感的力量

唐诺 著

中国华侨出版社

北京

图书在版编目（CIP）数据

钝感的力量 / 唐诺著 . —北京：中国华侨出版社，2021.2
ISBN 978-7-5113-8139-2

Ⅰ.①钝… Ⅱ.①唐… Ⅲ.①心理学—通俗读物
Ⅳ.① B84-49

中国版本图书馆 CIP 数据核字（2020）第 013072 号

钝感的力量

著　　者：唐　诺
责任编辑：刘晓燕
经　　销：新华书店
开　　本：670 毫米 × 960 毫米　1/16 开　印张：15　字数：211 千字
印　　刷：河北省三河市天润建兴印务有限公司
版　　次：2021 年 2 月第 1 版
印　　次：2024 年 2 月第 2 次印刷
书　　号：ISBN 978-7-5113-8139-2
定　　价：42.00 元

中国华侨出版社　北京市朝阳区西坝河东里 77 号楼底商 5 号　邮编：100028
发 行 部：（010）64443051　　　传　　真：（010）64439708
网　　址：www.oveaschin.com　　E－m a i l：oveaschin@sina.com

如果发现印装质量问题影响阅读，请与印刷厂联系调换。

前言

　　上天是公平的，世界上没有任何一个人能活着不受委屈、挫折、打击，不面对颓废、沮丧，唯一不同的是：有些人内心强大，抗打击能力强，能快速调整心态，东山再起，最终迎来柳暗花明；而有的人却破罐子破摔，内心与生活一团糟，活在痛苦纠结的敏感世界里。

　　谁不渴望成为内心强大的人呢？他们积极、阳光、坚定、从容，不仅自己力量强大，还能给身边的人带来正面的能量。然而，事实却是，随着现实压力的增多，我们变得愈发敏感、焦躁，一点点不顺心、不如意便能点燃怒气，一点点挫折、打击便能让自己陷入自我怀疑。我们对经历的事越来越缺少耐心，对周围的人越来越降低包容。一颗玻璃心，伤害的不仅是自己，身边的人也会遭到殃及。

　　一个人真正的强大，不是去征服了什么，而是学会承受了什么。衡量一个人真正成熟和强大的标准，不是看其站在顶峰的高度，而是看其跌入谷底的反弹力。本书用生动的说理和丰富的案例，告诉读者：人并非生来就强大，我们要做的，是如何在漫漫人生旅途中，不断强化自己，将自己的"玻璃心"打造成"钻石心"。为此，我们从"合理地判断""改变脆弱的情绪""实现内在的成长"三个方面出发，带领读者从认识自己到改变自己，最终实现内心的强化。

内心的成长必然伴随着痛苦与挫折，然而，除了你自己，没有人能真正帮助你走出心理的困局。只要你愿意为此做出努力，就一定会有成长与收获。

目录

第二部分　脆弱的情绪要如何改变

第三部分　强大的内心源自内在的成长

第一部分 ／ 合理地判断

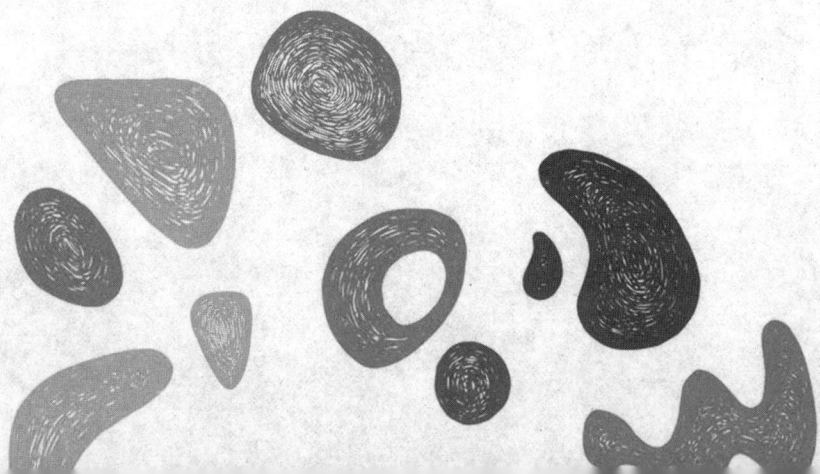

第一章／我是内心强大的人吗

坚强的体魄需要加强锻炼，那么强大的内心呢？是不是也同身体一样，要通过相应的锻炼才能拥有呢？当然需要。内心是否强大、健康，从心理学上讲主要有六大指标，这其中包括：（一）困境面前，不会被轻易击败；（二）坚守得住自己的信念；（三）明确自身的定位；（四）掌控自己的情绪；（五）没有过重的得失心；（六）从容不迫，处变不惊。简言之，一颗强大的内心，要坚定、理智、自信、从容、自知、淡然。

判断的标准一：不轻易被击败

内心强大的人，总相信命运掌握在自己手中，自己的人生路是自己走出来的，事事依赖他人总不可靠，必须自我肯定、自我进取。他们认为被他人打倒的根本原因在于自己先在他人面前示弱了、倒下了，给了他人可乘之机。唯有让自己坚强起来，才是打不倒的人。

人的一生从呱呱坠地的那一刻开始，总要面临各种层出不穷的问题，无论是个人的生老病死、是非对错、贫富贵贱、烦恼得失，还是国家、社会、政治、经济、感情、人事等。在解决这些大大小小问题的过程中，总会有人轻易就被其中的困难和挫折打倒，而另外一部分人则不然，他们能够依靠自身强大的内心力量坚持到底，不但解决了那些庞杂的问题，还让自己锻炼成为"打不倒"的人。那么，这些"打不倒"的人是如何做到的？他们具备哪些个人特质呢？

（1）骨气硬。俗话说"人穷志不穷"，有骨气的人由于不轻易向环境、困难屈服，不轻易被人打倒，而备受人尊敬，受人信任。

（2）耐力强。要想不被人打倒，第二个必须具备的特质便是力量，尤其是忍耐的力量。忍耐力强的人，性格弹性大，像牛皮筋一样不容易折断，自然也不容易被一时、一人、一言影响自己的情绪，或是因为一点点挫折就被人打倒。想赢得最后胜利，除了需要依靠智力、勇气以外，耐力才是克服自己，战胜他人的主要力量。

（3）勇气足。之所以有人被打倒，是因为自己先倒下示弱，然后才被人打倒。而自行倒下的人必是缺乏勇气、懦弱的人。因此，要做一名不被打倒的人，勇气是必须具备的。试想一下，一个勇气十足的人，又怎么可能屈服于他人？又怎么可能被困在情绪的困顿中呢？又怎么可能被他人打倒呢？正所谓松竹梅傲视霜雪，人也应该勇敢地与困境作斗争才足够强大。

（4）眼光远。被情绪左右的人往往是看待事物有局限的人，缺乏远大的目光，极易被人击倒。相反，那些高瞻远瞩、有胆识、有远见的人，正因为他站得高、看得远，不计较眼前得失，能屈能伸，放眼未来。在他看来，一时的艰辛打击只是在磨砺自己的意志，是在敦促自己继续向成功前行。想想，什么样的困难能击垮这种人呢？

（5）脚步稳。练武术的人都知道，只有扎稳马步才能不被对方击倒。做人亦是如此，要站得稳，就要不做亏心事，扎稳自己的马步。只要不做易被人打倒的事，就不会被打倒。

（6）信心坚。有勇气、有远见，更要有信心来坚定自己的信念，信心是内心用来肯定自我和他人的力量和财富。做人先要有自信，如言语自信，举止自信，对未来自信。缺乏自信的人，即便有了骨气，有了耐力，有了其他因素，最终也可能因为不相信自己而功亏一篑，斗志一泻千里。另外，也要对身边的亲人朋友充满信心。有信心的人不易被打倒，但一定切忌盲目自信，或是过分相信他人。恰到好处的信心才是对自己意志、品格、操守不被击溃所提出的要求。

现实中，不管是谁都难免磕磕碰碰，若想在这布满荆棘的人生路上走得稳当，没有强大的内心作为支撑显然是做不到的。一个人有了骨气、耐力、勇气、远见、稳步和信心，哪怕有再大的风浪袭来，也不致屡屡被打倒。

鲁迅先生说过："真正的勇士敢于直面惨淡的人生，敢于正视淋漓的鲜血。"具备了以上六个特质的人，如果还能有直面逆境和挫折的勇气，敢于在逆境中磨炼自我，就算得上是真正意义上的"打不倒"的人。自然界的生存法则一向都是弱肉强食，正因为如此，昆虫为了躲避天敌生存下来，进化中渐渐产生了保护色；猎狗单独捕食势孤力微，为了克服这一缺陷，它们逐渐开始团队合作，这让它们甚至可以胜过体型大于它们数倍的猎物；猎豹尽管单独狩猎，但残酷的生存环境让它拥有了其他动物所不能匹敌的速度。可见，自然界残酷无情的生存法则，使得任何一个活着的生物都必须有在逆境中生存的本领。

动物可以在逆境中磨炼自我，作为自然界的主宰，人类又何尝不是如此呢！遭遇逆境，对包括人在内的任何生物而言，都可谓是福。试问，有哪一种境遇能比它更能锤炼人的意志呢？古往今来，顺境中成功的人只是少数，大多数有成就的人哪一个不是历经逆境的洗礼，在困难重重的环境中一番摸爬滚打后才成就了自己的事业，谁能否认逆境对造就这些成就的功劳呢？孟子曰："天将降大任于是人也，必先苦其心志，劳其筋骨，饿其体肤，空乏其身。"这句话道出了逆境成才的真谛，"管夷吾举于士，孙叔敖举于海，百里奚举于市"，历史上众多名人皆出身贫寒，他们忍辱负重、卧薪尝胆，历经了多少磨难终成大业！古人"头悬梁，锥刺股"，为的就是让自己在逆境中不消沉意志，奋起治学。

相较古人，当下的社会竞争激烈，要想在逆境中取得成功，绝不能被动等待，在迎难而上，走出困境才是胜利者的姿态。千万别小看了这些挫折和打击，换个角度去看看，就会发现它们才是促使人们继续前进的真正动力所在。

人总是希望自己的一生可以走得一帆风顺、平平坦坦，现实中的人生路却常常是处处有阴霾，处处有艰辛。人生路太平坦了也未见得就是好事，纵使人人都期盼身处顺境，但完全处在顺境中的人极易被太过一帆风顺所蒙蔽，无视身边那些有形或无形的障碍，久而久之，便常常在顺境中跌了大跤。反倒是处在逆境中的人，可能会遭受不同的挫折，时时提醒自己要注意脚下的路，那些或大或小、或轻或重的"倒霉"在不同阶段、不同时期不断给人们敲响警钟，让人们正视困难，最终凭着自己的那股不服输的劲儿走到了最后。

其实，"倒霉"的厄运有时也可以是一种幸运。人不可能一辈子都走好运，但如果因为沾了厄运就颓废、苦闷、意乱、无奈，甚至走向绝望就不对了。毕竟厄运并不总是致命的，厄运也不可能永远存在。更何况世上没有绝对的坏事，厄运也可能正好为磨炼改变自己提供了一个良好的契机，正因为有这些"倒霉"，每个人才能从中发现自己的局限，不断挫折，不断改进，不断前进，在磨合中找到最适合自己的那条路，从此未来天地一片广阔，胜利的希望也开始向你招手。

著名歌手韩红有一首歌《天亮了》，很多人听了之后都感动不已，这首歌的背后有一个悲情但伟大的真实故事。公园发生缆车坠落事故，当那节小小的缆车厢高速下坠时，一对年轻的夫妇瞬间作出了一个伟大的决定，他们竭尽全力把自己的孩子举过了头顶！厄运来临时，生命的奇迹就这样诞生了，孩子幼小的生命被保住了，年轻的夫妇离开了这世界，但他们在厄运来临时留住了生的希望。他们的选择让人为之震撼和感动，厄运谁都无法拒绝，但可以拒绝的是为厄运而感到沮丧和无奈，甚至是放弃的情绪。年轻的夫妇在自己的生命受到巨大威胁时，毅然决然地作出了让人意想不到的选择，他们的精神没有被击倒，他们没有放弃，正是他们强大的力量把生的希望留给了孩子，留给了未来。要相信，即使希望再渺茫，也应该直面残酷的现实，做一个不被厄运击垮的人。

判断的标准二：守得住内心的信念

强大的内心包含了信心、勇气、耐力等特质，只有在坚守住内心的信念时才能体现其强大的力量。信念是指导人生的原则，有了它，人生才有意义和方向。人人都有信念，且取之不尽，它就好比一张滤网，随时随地为人们过滤他们所看见的世界；也像一根指挥棒，人们总是照着它去观察各种变化。信念的力量摸不着、看不见，却蕴含着巨大的能量，当你相信成功时，信念会推动你的愿望尽快达成；反之，信念也会让你尝到失败的滋味。

　　信念真的有这么大的能量吗？举个例子来给大家说说。清末，当时的梨园里传说有"三怪"——盲人双阔、跛脚孟鸿寿和哑巴王益芬。盲人双阔，幼年患疾双目失明，却自学戏起就勤练基本功，最终以其精湛的演技，成为一名功深艺湛的武生，尽管舞台下的他走路都需要他人搀扶，可是一上台，双阔的表演却可以做到寸步不乱，技惊四座，不得不让人感叹其专业素养之高深。跛脚孟鸿寿，因患软骨病自幼身长腿短，头大脚小，即便是平常走路都难以平衡，要在人才济济的梨园行混出点名堂着实不易，但孟鸿寿并不气馁，他根据自身身体特点扬长避短，细心钻研丑角行当，多年刻苦磨炼后终成丑角大师。最后一位是哑巴王益芬。王益芬先天哑巴，小时候看父母演戏，耳濡目染，熟记条条戏文，长大后，虽无人教授，但他仍坚持起早贪黑，刻苦练功，最终一鸣惊人，成为戏班后人奉为导师的一代武花脸。

　　从外在条件来看，梨园三怪都身有残疾，是难以在梨园立足的，可就是这样先天不足的三个人却靠着坚定的信念，经过多年勤学苦练后，成了名角。他们能在自己的行业里有所建树，心中坚定的信念无疑起到了巨大的作用。他们用一种积极的心态正视身体上的残缺，并以此为压力和动力坚定个人的信念。梨园三怪，他们凭借强大的信念的力量不但保留了成功的希望，还创造了事业的奇迹。

　　梨园三怪的例子足以说明，坚强的信念作为一剂重要"营养素"对人们强大自己的心理有着无可替代的作用。漫长的人生的旅途中，当面临各种困难、挫折和失败，身处困境里的人们心理失衡时，信念就会适时出现，给脆弱的心灵打一剂强心针，让心态重新平衡。有信念的人，人生不易偏离正常的轨道，不会走入心理的误区。有坚定信念的人，就有了直指成功的方向和动力。《信念的魔力》一书就提到过："信念是始动力，能够产生把你引向成功的无穷力量：它往往驱使一个人创造出难以想象的奇迹。"显然，要取得成功，就不能舍弃心中的信念。

如果说，强大的内心力量是保证人生成功的基石，那信念就是托起人生大厦的坚强支柱。信念的伟大在于帮助困在逆境中的人脱离困境，拾起自信重新上路，信念的伟大还在于再次唤起遭遇不幸的人生活的勇气。历史上著名的"望梅止渴""画饼充饥"的故事，乍听起来似乎是有些自欺欺人，还有点可笑，但细细琢磨这些故事的结尾，不难发现，人们能从极其恶劣的困境中走出来的根本原因在于他们坚守了内心的信念，无论是"梅"还是"饼"，无论是真有还是幻象，内心一旦驻扎了某种强烈的信念，摆脱和超越自身的极限就不是没有可能。对志存高远的人而言，信念在内心深处，就似一团不熄的、永远燃烧着的火焰，在并不尽如人意的人生的旅途中，支撑着有志之人孜孜不倦地追求美好，探索成功。

判断的标准三：对自己有清晰的认知

现实生活中，拥有强大内心的人往往对自己都有清晰的认识，时刻保持清醒的头脑，明确自己的定位，他们充分了解自己的缺点和优点，明白什么最适合自己。可是，世上总有一类人整天对这不满意，对那也不满意，仿佛他们身边的事物都入不了他们的眼，对一切事物都横挑鼻子竖挑眼。他们整天抱怨命运不公，满腹牢骚。可他们却从来没有考虑过自己的心态、素质、工作能力有没有问题，从来不认为自己的境遇是由于自身的能力缺失造成的。也就是说，这些人从来就没认清过自己，所以才会经常把怨气发在其他人或是其他事物上。

有一则寓言《井蛙归井》，说的是一只向往大海的井底之蛙，求大鳖带它去看海，结果青蛙看见大海后，迫不及待地跳进大海，却被海浪给掀翻了。它渴了想找淡水喝，饿了想找虫子吃，都没找到，于是，它想通了，对大鳖说："我还是要回到井里，大海固然好，以我的身体条件，井里才是我的乐土。"有人说过，世上没有最好的，只有最适合自己的。这则寓言里的青蛙，正是在看到了大海之后，才明白了自己应该回归自己的生存空间，超越自己的能力去盲目求大求全，结果未必理想。人也是如此，不同的人需要的生存空间是不同的，根据自身的条件正视自己的需求，不过分苛求，不与人攀比，这样的好心态才能让人活得更充实，更幸福。

认清自己，首先要找到自己、发现自己，找准自己在社会中的位置则更为重要。青蛙如果生活在农田里，就是消灭害虫的益虫，但生活的环境一旦换成了大海，它就显得不那么重要了，甚至最终可能会饿死。准确地给自己定位，才能在适宜的环境中最大限度地发挥自己的作用。印度哲学大师奥修说过："玫瑰就是玫瑰，莲花就是莲花，只要去看，不要比较。"如果是玫瑰，就请生长在适宜玫瑰生长的地方，那样它的美丽才会令人赞叹；如果是莲花，就继续在泥淖里做那出淤泥而不染的君子，那样它的高洁才会让人敬仰。若是两者换了生长环境，那它们还能有原来的美丽吗？

谁都有自己的长处，因为性格、爱好和专长的不同，每个人身上都有专属于自己的"闪光点"。如果大家都能先认清自己的优点长处，再根据这些优点长处找准自己的定位，"闪光点"才会真正发出灿烂的光彩。

因此，每个人都应设法发掘自己的优点，并最大化地利用这些优点来丰富自己，每个人都是他人不可替代的"唯一"。

判断的标准四：掌控自己的情绪

生活中，人们总有种种情绪产生，喜怒哀乐是人之常情，可是，是不是人人都能做到理性地去主宰这些情绪呢？显然，做自己情绪的主人的这个道理很多人都明白，可是当人们真正遇到困难时，他们总会说："控制情绪实在是太难了。"事实上，有这样想法的人已经做了自己情绪的俘虏，说出这种自我否定的话，可不仅仅是一种简单的在困难面前知难而退的表现，还是一种不良的心理暗示，严重时甚至会摧毁人的意志，以致最终败给自己。要知道，当人处于脑中一片混乱、深感绝望的时候，是最可能判断失误的，此时情绪和理性都处在一个危险的阶段，人或许会因为一再地困在糟糕的情绪中而无法做出正确的决断。因此，合理主宰情绪，自主控制情绪，增强理性，才能让人即便身处逆境中也能够有坚定走出困境的决心，真正不为各种不良情绪所困。这样一来，渐渐地，强大的理性就能使自己真正成为情绪的主人，也只有这样，才能持续保持头脑清醒、心神镇静地计划或是决断一切事宜。

常常会有不少人抱怨种种不公，而产生这种抱怨的原因一般而言都是生活、工作中的各种烦恼、压抑、失落甚至痛苦，受累于这些不良情绪的人们极易因此感受不到幸福，总是眼巴巴地期待快乐能够从天而降。可他们不知道，获得快乐的根本在于自己，并非所谓的好运气。人生喜怒无常，要做到事事顺心那几乎不可能，但尽管烦恼和痛苦免不了要出现，如果能很好地控制或调节这些不良情绪，避免受情绪所累，也同样可以获得幸福快乐的人生。所以，如何做自己情绪的主人就成了掌控自己人生最关键的秘诀了。做到了这点，就可以很好地掌握自己的人生，反之，人生就显得相当被动。请记住，一切负面的情绪都源于自身对周遭事物的感受，而非事物的本身，调整自身对周遭的感受，随时随地都可以让精神振奋起来。

话虽如此，可是如何做到理性控制情绪，很多人却没有头绪。实际上，不难发现，要实现驾驭情绪的第一步也是最关键的一步，首先在于输入自我控制意识。打个比方具体来说，老师想帮助自己的学生改掉控制不了情绪的毛病，绝不能一开始就批评这学生缺乏道德修养，这么说的话会适得其反，学生会口服心不服，甚至还会和老师发生争执。所以，要帮学生改掉这个毛病，老师不能生气，要控制好自己的情绪；要耐心地给他解释，这样才能让学生既口服，又心服，而且从此以后他就产生了自我控制意识，在日常生活和学习中，他会时时提醒自己，自主调节情绪，克制情绪对自己言行的负面影响，从而自觉调整自己的情绪沿着健康而成熟的方向发展。主宰自我情绪依靠的是强大的内心，而适当地输入自我控制意识可以在潜移默化中让自己的内心慢慢强大起来，因此，掌控自己的情绪就必然需要通过自我控制来实现。

那么，要达到良好的自我控制具体该怎么做呢？先来说说人在受到负面情绪影响时所表现出来的各种症状。众所周知，人在沮丧的时候，通常会有精神涣散、注意力无法集中等表现，而适度保持清醒、冷静、理性和乐观，无疑是集中精神、消除沮丧最好的办法。显然，自我控制有利于保持冷静、乐观，在遇到具体问题时，不妨参照如下做法。

（1）发出坏心情的讯息。一旦感觉有坏心情产生，别忘了向重要的亲人或者朋友发布"预警"，告知他们自己的情绪低落。如果你还没这么做过，或是根本不知道该怎么做的话，请多多练习，这是形成自我控制意识的第一步，务必重视起来。

（2）先调节情绪，再处理问题。切记，不要在情绪不高的时候企图解决问题，那只会让情况越来越糟！情绪低落时的自己容易钻进死胡同里出不来，找不到走出困境的最佳方案，这个时候需要的是先冷静下来，用其他事情来转移注意力，让自己远离那些带来负面情绪的问题，让情绪由坏转好，等到情绪稳定、精神振奋时再去处理这些问题，或许会取得意想不到的效果。

（3）让身体动起来。多数人在心情沮丧时选择蜷缩在角落里，或是闭门不出。实际上，僵住的身体是不利于情绪转换的，让自己走出去，活动活动身体，情绪也会跟着高昂起来的。

（4）重新审视价值观。"从负面的事件中看出正面的价值"——这是人们在挫折中走向成熟的重要途径。尽管人们情绪有诸多负面影响，但不可否认的是，换一个角度看，它可以敦促人们重新审视自己原有的价值观与内心追求，并进行合理调整，以便逐步调整至适合自己的最佳状态。而在这个过程中，个人和环境也在不断磨合。等到情绪好转时，就可以进一步思考，究竟是什么因素阻碍了自己的价值追求，是自身能力、人格还是其他因素，最终作出正确判断。经过这么一番磨合后，生活中的快乐和幸福就会增加不少。

（5）思考问题勿"一刀切"。经过前面的几步之后，情绪应该可以稳定了吧。坏情绪走了，就该是考虑怎么解决问题的时候了。此时不要再重复走从前的老路，一定要尽可能地多换几个角度去思考，解决的方案才会随之丰富起来，困难兴许就迎刃而解了呢。如果还不知道怎样才能让自己的思考变得更有弹性的话，那就多多请教身边的那些有经验的朋友或亲人吧。

情绪，是人和环境相互关系的产物，是内心在面对不同事物、问题时情感方面的产物。这种产物有正面的，也有负面的，每个人都要学会珍惜、接受正面的情绪，控制、驾驭负面的情绪，毕竟人才是左右情绪的主人。拥有强大内心的人才能合理地控制自身情感，克服负面情绪。

判断的标准五：绝不患得患失

如果有人一生始终徘徊于得失之间，那这个人一生注定充满烦恼和苦闷。曾经听说过这样一个调侃富豪李先生的故事，说是有一天，李先生走在路上，一不小心10块钱掉在了地上，此时，他并没有马上弯腰去拾起那地上的10块钱，因为他害怕在他弯腰所浪费的时间里，就有可能错失高达上千万甚至上亿元的商机，但如果李先生不拾起这10块钱，却有违他一向为人俭朴的生活原则。于是，就在这拾与不拾之间，李先生在原地犹豫不已。这个故事很明显杜撰的成分居多，对于一个驰骋商场多年并有大作为的企业家来说，绝不会在这样的小问题上踌躇不前，好事者选他作为故事的主人公，只不过是希望以他作为典型事例，说明在现实生活中，确实有不少人在得失取舍这个问题上徘徊不前，难以抉择。其实，很多人在已经拥有了大量的自己并不需要的冗余事物后，仍然殚精竭虑地希望这些东西可以有增无减，终日为此奔波劳苦，长此以往，或许拥有的又增加了，可是快乐却因为某种担忧而离自己越来越远。那么这究竟是拥有的多，还是失去的多呢？既然如此，不如看淡一些，要失去的、不属于自己的东西就及时放手，换个角度回头看看自己所拥有的一切，看看自己的富足，岂不一身轻松？

人生总有得失，俗话说得好："醒着有得有失，睡下有失有得。"而且每个人的得失各有不同，相同的事物或是遭遇对不同的人来说也可能意味着得，也可能代表失。曾有这么一个故事很说明问题，一位知名的富豪每天上午经过某公园时都会看见长椅上有一个衣衫褴褛的人坐在那儿，目不转睛地盯着富豪居住的宾馆。时间一长，富豪终于忍不住问那个衣衫褴褛的人为什么总是盯着自己住的宾馆看，这个人答道："我既没钱，也没房，夜晚只得睡在这长椅上。只不过，每晚当我进入梦乡时，我仿佛住了您住的那家宾馆。"富豪一听，当即决定让这个人搬进同一家宾馆，并为他支付一个月的房费。可过了没多久，富豪听宾馆的服务员说这个人又从宾馆搬了出去，重新回到了公园的长椅上，富豪感到十分意外，只得又去问那个人。那个人很平静地回答："当我睡在长椅上时，我梦见的是我住进了豪华的宾馆，可是当我真正住进宾馆时，我却做了噩梦，梦见自己又回到了公园里，太可怕了，我完全无法安然睡着。"住进豪华宾馆，对于富豪和那个衣衫褴褛的人来说得失并不相同，后者认为自己从此失去了完美的睡眠和美梦。

得与失在于每个人心里的感受，懂得去珍惜现在的得，而失去了也不必痛心疾首，无所适从。世间之物本来就是来去无常，学会正视人生的得失，失去别人所拥有的，不代表失去自己所拥有的，甚至有的时候失也可能是另一方面的得。另外，人在面临抉择时，俗话说两害相权取其轻，在作出选择后，得到的大"得"中包含一些小"失"也再正常不过了，此时人们往往只是斤斤计较小"失"，那么大"得"所带来的快乐和满足也就得不到珍惜，这多可惜啊！还是别去怨叹这些"失"，多考虑一下大"得"，何况这大"得"才是真正需要得到的啊！失去的多了，得到的会更多才是。如果能这么想，得失也就显得不再那么重要了，人生顿时有种释然的感觉。

别把失去视为魔鬼，其实，它并没有那么可怕，客观主动地去面对它，会发现它也有自己迷人的地方，和得到一样。得到固然让人欣喜，但渴望和期待被满足后，人常常会因此失去动力，失去追求；而失去会让人开始产生怀念的情绪，怀念那份拥有的感受，而这份情绪是得到时所不曾有的。人们常说："得到时不懂得珍惜，失去后才知道它的可贵。"得失本来就相辅相成，彼此无法隔离而绝对存在，就算是上帝都会在关了一扇门的同时又打开一扇窗，又何必去在意何为得何为失呢？

真正志存高远的人是不会太过在意得失的，他们"不以物喜，不以己悲"，冷静面对得失，且不把个人的得失放在心上。计较得失的人大多内心还不够宽广，大多得意忘形，却在失意时，心中愤愤不平，外露失意之色。这种人是无法感受失去的魅力的，更无法体会失中之得。"采菊东篱下，悠然见南山"的陶渊明辞去官职，隐居山林，尽管失去了官职，但他所得到的精神上的欢愉和自由，却不是那些只在世俗中追求得失的世人所能体验到的。

不要做患得患失之人，这样才不会被世俗所淹没，成为追名逐利之徒。得失之间，真正要抉择的是是否得到了内心的安宁和幸福。眼前的利益固然重要，但不是所有的利益都值得去追求，适当地学会放弃也是另外一种得。

判断的标准六：从容面对人生的不同境遇

"宠辱不惊，看庭前花开花落；去留无意，望天上云卷云舒。"寥寥数语，描绘出的却是一种超然的人生态度，于事于物心境平和，淡泊名利，"看庭前"世间万物随四季变迁，世人无能为力，后句转而"望天上"，意境一瞬间变得辽远，大丈夫果然心比天宽，世间万物去留皆无意，仿佛一切只是云卷云舒。世俗中如此淡定，实属难得，这该是怎样一种强大力量才能让内心在面对世事无常时如此处变不惊！

尽管人可以改变很多东西，但更多的事情是不以人的意志为转移的，在这些事情面前，大家总是无能为力。当这些事情来临时，或许是荣，或许是辱，内心是否能荣辱不惊的关键在于承受力，是可以轻轻放下，还是为之所累。北宋著名政治家、文学家范仲淹，留给后人最著名的句子莫过于《岳阳楼记》中的"先天下之忧而忧，后天下之乐而乐"。登高望远，短短 14 个字，满腔的政治抱负尽在字里行间。可当他被贬谪邓州后，却是另一番风貌——自觉"心旷神怡，宠辱偕忘，把酒临风，其喜洋洋者矣"，如此从容，让人不禁感叹这位伟人的人格魅力——一种"出则为仕，入则为农"的自尊自强的心态。

几百年前的范仲淹所有的这份洒脱怕是今人也少有，而当今人们之所以失去了范仲淹那般"心旷神怡、宠辱偕忘"的生活智慧，很重要的一个原因就在于，对越来越多的事情只看重结果，不看重过程，人们往往匆匆地奔着目的而去，为的是尽快、尽早得到结果，却忽视了过程，忽视了在过程中的自我满足和自我欣赏。另外，个人成就再也不是通过自我实现来验证自己的价值，更多的是与现实的名利挂钩。人们对社会的贡献价值的判断标准直接就被认定为是他们所取得的名利成绩，很少有人会花心思在认同自我上。这样一来，人变得无比功利，因为他的满足感和成就感大多来自名利的增减，他会因物质利益增加而感到欣喜若狂，相反，当物质利益减少时，他会被判定为没有价值的人因而感到懊恼不已。生活在这样的现实世界里，他又如何宠辱不惊、淡然处之呢？古人说"不以物喜，不以己悲"，纵然这是在劝慰人不应该把得失看得太重，但反过来说，这难道不是在告诉大家，世事无常，若是总不能以一种包容的心态看淡这些，那么就有可能哪怕只是看到了自己弱点或是失败都会很沮丧，严重的还会产生极为消极的情绪。其实，上文说到过把得失看得太重心理就会失衡，得失本身就是相辅相成的关系，失去、失败、失利、失望，不代表生活中的全部都已经离开，所谓否极泰来，人生还要继续往前走，切勿大喜大悲，另一种精彩就在不远处。

　　宠辱不惊是一种生活艺术，也是一种人生智慧，是当内心安宁、平静时，看淡自己经历的得失才能体现出来的一种心态。人生际遇难以预料，有毁有誉，有褒有贬，有荣有辱，人一生中免不了起伏跌宕。君子自当坦坦荡荡，无论宠、无论辱，都不过是人生一种经历，得人信宠时勿轻狂，谨记"贺者在门，吊者在闾"；受人侮辱也切忌激愤，谨记"吊者在门，贺者在闾"。若因人生稍微有些起落就喜怒反复无常，怎能做到内心宽阔辽远，怎么释然？又怎能从容、冷静、专心地对待自己的事业或是经营自己的生活呢？理想更是无从谈起。

　　内心从容淡定，除了要让自己的心学会放下，对他人的质疑也别太放在心上。著名数学家陈景润，在他证明哥德巴赫猜想的很长一段时间里，不但没有人看好他能拿下这个课题，更多的人甚至认为他是"疯子"。只有他本人对外界的评论和看法置之不理，一头扎进了数字的世界里。多年后，经过上千万次的演算后，陈景润对哥德巴赫猜想研究作出重大贡献。

当然，他人的质疑不用太放在心上，也并不是说完全不顾他人的意见，有时候，一些建设性的意见或是建议也着实可以产生推动作用，只是一味地去附和或是屈服于他人的言论之下，却不是从容淡定的心态应该有的表现。事实上，他人的态度或是言论带有强烈的个人色彩，很可能有较大的片面性和局限性。像是会议上因为看到上司的一个眼色，或是听到老板的一句话，从此做事就畏手畏脚，嘴巴不敢说，手脚不敢放开做，这很难不阻碍工作任务的顺利完成。大可不必因为他人赞扬夸奖就妄自尊大，因为受他们指责就自暴自弃，那自己不就淹没在他们的唾沫星子下了嘛！何苦如此折磨自己！人的一生，自己才是自己的主人，他人的看法固然重要，绝不能拿不起放不下。

人生不如意十之八九，如果心不静、心未定，总在荣辱中迷失自己，放不下名利得失，心为物役，人生就很难跨过那么多的沟坎，内心超脱物欲后可能获得的乐趣丧失大半。没有人能逃过生老病死的循环，生命总是有限的，在名利的追逐游戏中耗尽一生，竟然不曾有过有价值的获取，太过不值。还是学学古人，学学那些无视名利得失，纵情于自由当中的雅士吧！要知道，只有拥有如此强大内心的他们才会坦然地面对一切！

第二章 ╱ 内心强大的人是如何处事的

内心的强大往往会在行为上加以体现。内心强大的人在处事上有自己的行为准则，具体表现为：（一）有肚量容忍；（二）有毅力改变；（三）有能力发现；（四）有智慧分辨；（五）有恒心坚持；（六）有勇气面对。这六点可以用于判断你在做事时是否有强大的心理指引，也可以作为你努力的目标与方向。

处事的方式一：有肚量去容忍那些不能改变的事

人说"宰相肚里能撑船"，说的就是人的肚量。一个肚量大的人包容力也就强，反之，那些小肚鸡肠、斤斤计较的人，碰到点鸡毛蒜皮的小事就要计较半天，什么好情绪都会毁在他们的手上。

肚量大，首要的一点是要会包容自己。人的一生，难免有风风雨雨，会犯点小错误也都在情理之中。人要是不犯错就不生动、不现实了。整天为了自己犯下的错误在那儿怨声载道，也改变不了自己犯错的事实，不如就不去理会这些，反正已经是事实，就用能撑船的宰相肚量去容忍这些错误。另外，犯错可能是身上的缺陷所造成的，而缺陷是需要人们去一个个修正的，不是犯了错就抓住缺陷不放，不给自己一点点的机会来改正这些缺点。这本身就是自身经历积累的一个结果，想要在一朝一夕改变的话实在太难。对于自己身上的那些不可改变的事情，要试着去容忍。这不是代表着放任自由，不去理会，而是接受已成定局的事实，再去思考如何改变自己，适应环境。对于自己无法改变的事实，思考过去是一种很愚蠢的做法。着力想想现在和未来才是对待这些事实的最佳方法。

说到肚量大，很多人第一个想到的应该还是对他人的宽容。实际上有时候对自己也是，对自己宽容了，对别人才能有宽容的心。对待别人的宽容主要体现在以下三个方面：

（1）面对外界的舆论压力一笑而过。外界给自己施加的压力往往是最明显的，最容易被自己发现的。这也注定了这个压力给自己造成的影响是最直接的。前面已经提到过了，没有谁会比自己更了解自己的内心和行为的目的。任何人的评价都比不上自己对自己的自评来得更真实，当然前提是客观真实的评价。所以无须介意外界那些并不客观的评价。另外，有的时候也可以换一个角度，从自己的角色中跳出来，反观他们的观点所站的角度，也许也会有新的发现，对提升自己有所帮助。

（2）面对朋友的帮助和支持要积极地回应。朋友除了给出自己的建议和意见外，在自己遇到不幸的时候也会施予援手。不要认为这时候接受朋友的帮助会显示自己的脆弱，或是自己的痛苦连累到了朋友。勇敢地去接受朋友的支持，拿出自己坚强的一面去面对他们，他们会感受到你对他们的回应，感受到朋友之间的温暖。

（3）多从朋友的角度去考虑问题，多多帮助他们。朋友之间的关系是相互的。朋友向你提出意见，或是提供援助，是要建立在相互真诚的基础上。多设身处地地去帮朋友想想，多给他们提供一些你力所能及的支持，打开自己的内心去包容朋友，真心与朋友交往，这并不难，可它的结果却并不简单。

做人要面对太多的事情，而这些事情又大多都不以自己的意志为转移，那么不能改变却又费心费力地希望自己改变，那不是强人所难吗？干脆以一种开放包容的心态，心平气和地去对待它们，比抵触它们来得强得多。"海纳百川，有容乃大"，包容度大了，肚量大了，能够包容一切了，内心世界也就跟着强大了。

处事的方式二：有毅力去改变那些可以改变的事

世上的事情也不是全都无法改变，如自己的意志、自己的情绪、自己的内心世界，都是可以改变的。只要有恒心，有毅力，改变自己还是不难的。

改变的重点就是自我。改变自我不是指彻头彻尾地改变全部的自己，主要是为了协调自己和周围环境及人的关系，不断地磨合两者的关系，以期达到最为和谐的效果。因此，改变自我是个漫长的过程，不可能一蹴而就，需要一点点地去发现，一点点地去修正，一点点地去适应，一点点地去解决，最后才能彼此适应，彼此和谐。

改变自我的重点是要转变自己的观念，改进自己的思维和改正自己的缺点。总的来说，为了适应社会环境，发现什么问题就要有针对性地进行改变。首先说说观念。任何一个人的观念都不是在短时间内产生的，总是在成长经历的基础上，以及环境和其他人的影响下慢慢形成的。

它有一定的现实基础，但不完全等同于现实，它包含了社会观念的一部分，也包含了一部分自己的理解。社会观念和自己的理解之间如果存在矛盾，就会使个人的观念陷入一种僵化的状态，此时就需要及时转变观念，开放自己的思想去改造自己的思维，将二者统一起来。其次说说思维。人的思维是行动的决定者，人们有什么样的行动处处都体现着思维的结果。它好比是一张地图，指引着行动的方向。可是就算是普通的地理地图都不可能一成不变，若是长期只有一张固定的思维地图的话，它那沾满了灰的页面也会对行为有一定的阻碍作用。思维是人内心世界的产物，人的内心是要向外开放的，所以思维也必须学会"与时俱进"才行。改进思维习惯是为了更好地指导行为，是为了更好地坚定自己最初的信念。思维的进步代表了一个人的进步，也代表了一个人向更高一个层次推进的可能。再次说说缺点。缺点是要改正的，否则就要在人生路上栽同样的跟头。人有缺点不可怕，可怕的是不去改正自己的缺点，甚至还认为缺点的存在是合理的、不可改变的。人改变自我当中最直观的部分就是去改变自己的缺点。改变自我先从小事做起，从改变一个又一个小缺点开始。

改变自我的主要形式就是完善自我。"玉不琢，不成器"，即使上等的好玉，也要精雕细琢才能成器。人的一生也是如此，要经过无数次经历的不断打磨才有最后的成功。成功不是随随便便能够实现的，反观众多成功者的经验就可以知道，他们在诸多顺境逆境的洗礼下，逐渐完善自己的个性，才取得了成功。完善自我是一个复杂的过程，它包含了丰富自己的知识体系、增强自己的自信、坚定自己的信念和完善自我的个性等多个方面，几乎就是把整个人由内而外的全体打开，向外汲取营养，转化成可以吸收的养分来供给自己的内心世界，它可以是抽象的能力的增强，也可以是具象的知识的积累。总之一句话，完善自我是实现成功必要的要素，这是面对可以改变的事实的正确态度。此外，请记住，坚持不断完善自我，可以帮助自己在遭遇困难时增强克服困难的信心，毕竟现在所经历的一切都是为了完善自我而服务的，无论是正面的肯定，还是负面的挫折，都会对自己有莫大的启示。尤其是挫折，更是能够帮助自己去发现不足、发现问题。这难道还是件坏事吗？从改善自我的角度看一定不是这样的。所以，相信完善自我的可能，相信就能成功。

改变自我，自己才是最灵活的要素，让自己去主宰命运，就要灵活地面对世界上的每一件事。记住，给自己预留一定的空间，禁锢自己或是缺乏改变自己的毅力都是可怕的。

处事的方式三：有能力去发现那些可有可无的事

人在乎的事情多了，就容易把所有的事情都看得一样重，其实完全没有必要，自己想要的东西有限，有些事情已发生了，看淡就好，也许它和自己要走的路都没有一点关系。

有些事情对自己至关重要，这就说明剩下的事情对自己来说就是可有可无的了。要有眼光去发现那些可有可无的事情，撇下这些事情所带来的压力，人生会卸下众多的压力，走得更为轻松自在一些。

去了解一下自己的得失观，看看自己真正在乎的是什么，需要的又是什么，不要大包大揽，失去一些本来没什么关系，却搞得自己魂不守舍，那不是一种正确的人生态度和得失观。

　　仔细回想一下自己的人生，自信是来自于那些对自己来说十分重要的事情，而不是这些可有可无的问题。据心理学研究发现，人在幼儿时期最先学会的一句话是"不要"，这说明了人最基本的权利就是拒绝权，可是随着年龄的增长，"要"渐渐代替了"不要"，越来越少的人会去拒绝，因为他们没有发现什么事情是必要的、什么事情是不必要的。更可怕的是，他们根本不认为有不必要的事情存在。所以他们彻底忘记了自己自幼儿起就学会的一种能力——拒绝。缺乏这种能力的人，对于任何事情都是一样的关心，从表面上来看，似乎他们总在众多的事情中权衡利弊，实际上他们是分不清楚事情的轻重，总是遇到问题就用相同的方式对待、用相同的方式去解决，被动地去接受这些，而不是主动地接受和拒绝。

　　对于世上的任何事情，都要抱着"谋事在人，成事在天"的原则，尽心尽力地去做，但不是每一件事都要去计较它的得失成败。一些并不那么重要的事情，如果成功了，当然也会在自己的心中升起巨大的成就感；如果失败了，尽力了就可以对自己有所交代了，接下来要做的就是从中吸取经验教训，不必花过多的时间哀叹唏嘘，只要为成功提供了一定的参考，它们的义务就尽到了。

处事的方式四：有智慧去分辨那些非此即彼的事

有些事情乍看起来对自己很重要，但实际上并非如此。可是，现实中却有很多人在这样的事情上栽了跟头，他们不明白这些模棱两可的事情对他们来说意味着什么，只是认为或许它们是对的，也可能是错的，但最终他们仍然用一种很强硬的态度来说服自己，一切都是对的。只要是社会环境和其他人认为是对的东西，他们也就不再去争辩什么了。盲目地追随大流，让自己失去了判断的能力，一门心思地去寻找这些问题的答案，还认为这些答案就是真实的，可惜真实的答案在自己的心里，却被他们生生地给抛弃了。

俗话说："鱼和熊掌不可兼得。"说的是很多事物在解决的过程中，有了一面就不可能再去拥有另一面，二者是不相容的。现实生活中，很多人也会遇到这样的问题，非此面即彼面。但事实真是如此吗？人们之所以会认为很多东西难以兼容，主要的原因在于没有应用自己的智慧去发现。有些事情是需要平衡的，而不是只有一面。例如前面提过的希望，它本身就是个现实和浪漫的结合体，如果说一定要是一面的话，那就不是希望了。缺乏了现实和浪漫的哪一面都称不上是真正意义上的希望。因此，看待世间的万物要学会有一种独特的眼光，去发现那些所谓的非此即彼的事情。

中国人喜欢下围棋，围棋中蕴含的哲学就是一切都是非此即彼，却一切皆有可能。下过围棋的人都知道，围棋中的黑白两子，不是黑子赢白子，就是白子赢黑子，但在两子的交锋中就会发现，事情并没有结果那么简单，有太多的迂回战术和平衡战术才能保证最后的胜利。人生很多时候也是如此，并不是简单的成功或者是失败的二元对立，也就是说不成功不代表着就一定是失败，有时候人会在过程中寻找成功和失败的平衡点，用一种更为柔软的方式去取得成功，此外有时这种成功本身也就是一种各种力量的平衡。

人是有智慧的高等动物，所经历的事情也都是复杂多变的，二元对立的世界是一个理想化的状态。现实中的情况总是比想象中的要复杂得多，所以，学会用智慧的眼光去发现那些非此即彼的事情才是人生的大智慧所在。

处事的方式五：有恒心去完成那些看似无望的事

人们常说，完成一项任务，要有信心、耐心和恒心，三心合一才是成功的基础。信心是成功的动力，耐心是成功的基础，恒心是成功的保证。恒心需要有信心和耐心为前提，但同时恒心也是信心和耐心的一个重要体现。尤其在遇到那些困难时，在看似已经无望的问题面前，保持恒心是成功的重要因素。

恒心是指保持一颗平常心、进取心，在长期的过程中，坚持去做一件事情的心态。古语说"持之以恒"，每天早上醒来问自己究竟要什么，明确了之后就要下定决心去做，遇到困难也不要总是找各种借口为自己开脱。挫折时，可以让自己休息一下，但不是怀疑自己，或许有的时候会因为某一种情绪迷失自己，但别忘了自己真正要去看的风景。人一旦迷失了自己，久而久之就会失去恒心，无法坚持去做某一件事情。记住，去坚持最真的自己，一路走下去，决不回头，决不滞留，不知不觉自己就在恒心的指引下，看到了最终想要看的风景。

恒心是人的一种心智状态，是可以通过后天的训练培养出来的。齐白石是中国近代画坛的一代宗师。齐老先生不仅擅长书画，还对篆刻有极高的造诣，但他也并非天生技艺精湛，他也是经过了长期刻苦的磨炼和不懈的努力，才把篆刻艺术练就到出神入化的境界。年轻时候的齐白石就特别喜爱篆刻，但他总是对自己的篆刻技术不满意。他向一位老篆刻艺人虚心求教，老篆刻家对他说："你去挑一担础石回家，要刻了磨，磨了刻，等到这一担石头都变成了泥浆，那时你的印就刻好了。"于是，齐白石就按照老篆刻师的意思做了。他挑了一担础石，一边刻，一边磨，一边拿古代篆刻艺术品来对照琢磨，就这样一直夜以继日地刻着。刻了磨平，磨平了再刻。手上不知起了多少个血泡，日复一日，年复一年，础石越来越少，而地上淤积的泥浆却越来越厚。最后，一担础石终于统统都被"化石为泥"了。这些看起来不起眼的工作，这坚硬的础石不仅磨砺了齐白石的意志，而且使他的篆刻艺术也在磨炼中不断长进，他刻的印雄健、洗练，独树一帜。渐渐地，他的篆刻艺术达到了炉火纯青的境界。

恒心、毅力和所有其他的心态一样，基于确切的目标，有了坚定的目标，就有了对未来强烈的渴望。随之而来的就是以切合实际的计划去实现这个目标，用自己的意志力，与他人通力合作，让某一种行为形成习惯。要知道，恒心、毅力是习惯的直接产物。习惯化成了生活中的一部分，就会用于对抗惰性这个最大的敌人。

如果自己对培养恒心还没有太大把握的话，这里有四个简易的步骤，这些步骤不用高深的智慧，只要用心，就可以了：

（1）由灼烧的热切渴望，支持自己实现确切的目标。

（2）以连贯行动执行既定的计划。

（3）不因负面影响内心，包括亲友故旧的负面暗示。

（4）和一名以上鼓励自己执行计划追随目标的人建立友好的盟谊关系。

处事的方式六：有勇气去面对那些已经做错的事

从小老师就教育大家，知错就改，善莫大焉。可是长大后的自己是否真的做到了这一点？回想一下，一路从孩童到成年，自己做错的事情不是一件两件，而真正敢去面对的，敢去承认的又有多少？在犯错的时候自己还知不知道要悔改，还是只是犯错，然后不停地自责，也不问错误发生以后自己该做什么，而是一味地消沉，把自己锁在错误里面，不愿意走出来坦然地承认。

或许真的是这样，年纪越大，自己所顾及的东西就越多，自己的内心就越顽固，越没有勇气去面对自己和自己所犯下的错误。那么小时候呢，小时候的自己为什么会那么坦荡地承认错误呢？难道是自己变了，还是其他的因素或是自认为自己本来就不是个成功的人，注定一生失败呢？

问题的答案当然是否定的。小时候的自己之所以会勇敢地承认自己的错误，是因为身上还没有那么多所谓的社会压力。现代社会成功人士的成功事迹被包装得十分完美，人们不再能透过那些标签去发现他们背后的故事，展现在大家眼前的只有那光鲜亮丽的一面。于是，大多数人在看到那光环之后，都会自惭形秽，便认为他们是天生注定的成功者，而自己却没有相似的命运取得成功。随后卑微的心灵就会抹杀掉全部的信心和耐力，慢慢地一点点放弃。这样的想法会让自己每犯一次错误就增加一点心理负担，最后的结果就是再也不愿意面对错误，或是改正错误。因为自己的勇气已经被悲剧的命运论给扭曲了。

廉颇"负荆请罪"的故事大家都听过。老将廉颇不服蔺相如的才能，总是在人前炫耀自己的赫赫战功，结果最后蔺相如用自己的谦逊和智慧让廉颇认识到了自己的错误，于是，老将脱去上衣，背上荆条，来到蔺相如的府上，勇于向他承认错误。最终二者和好，共同辅佐赵国。故事大家都是耳熟能详，就算是孩子也明白的道理，但放在自己身上做起来怎么就那么困难？廉颇贵为一国大将，还能舍下颜面向蔺相如认错，那现实中平凡的自己呢？为什么不能面对自己的错误？人非圣贤，孰能无过？敢于面对自己错误的人才是勇敢的，否则在其他人看来才真的是卑微的小人了。

活在过去中的人们也是同样缺乏勇气去面对自己的错误。被自我粉饰过的过去，怎么看起来都像是一幕美妙的童话剧，自己在其中所扮演的角色和当下的角色差异那么大，过去的美好和现在的残酷，种种的对比都让人感觉无法接受现实。渐渐地，勇气被怀旧的情绪所冲淡，只愿一个人关闭自己，用过去的情境来冲淡消极的情绪，而不是真实地面对现在。

大可不必那么害怕自己犯错，就算是再成功的人士也是一路磕磕绊绊地过来的。只不过他们可以很真诚地对待自己的错误，并以自己的错误来弥补自己的不足，鼓舞自己的士气，敦促自己向前，所以才取得了成功。这个道理时时提醒自己要牢记。勇气是一个人勇敢面对自己内心的一种精神力量，它可以用来改正自己的错误，增强自己的信心，让前进的脚步更加稳健。

第二部分

脆弱的情绪
要如何改变

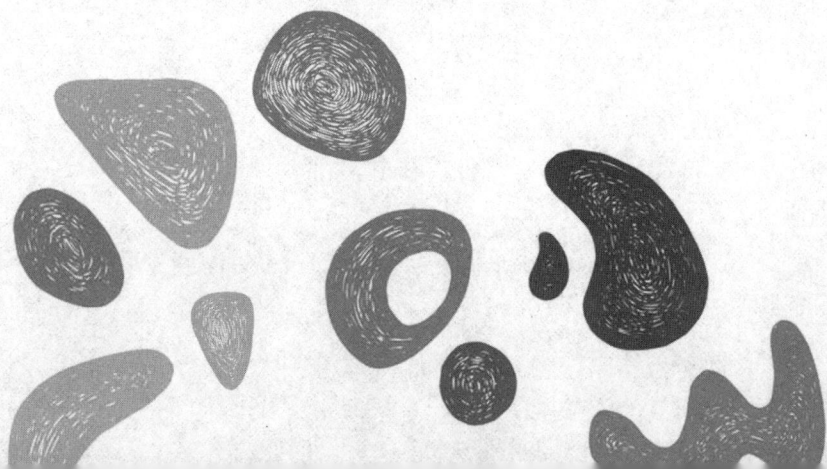

第三章 ／ 偏执的情绪：坚持而不固执

　　偏执地去要求自己什么，等于给自己下了一道死命令，非做到什么不可，这是一种非人性化的对待自己的方式。人生总是有得有失，所谓的完美主义不过是一道自欺欺人的灵符，压在自己身上，反倒让人不知所措。不如就此忘记，欣赏生活的缺憾美，并以此为动力，推动自己尽可能地去完善自己，不也是件挺好的事情吗？问问自己，是愿意做个偏执狂，还是愿意做个热爱生活的人呢？

改变的方法一：学会臣服

　　很多人都发现，越是与自己的命运抗争，越是感觉命运在与自己作对。不想这种事情发生的话，就要学会接受现实，学会臣服。与其去埋怨已经发生过的事情，指责它不公平，不如实实在在地接受它。要知道选择埋怨和选择接受二者的结果是截然不同的。

　　黄海初中毕业后在一家机械厂上班，每天 12 个小时的工作时间让黄海感觉身心疲惫。当黄海准备辞职的时候，常常提醒自己，自己一没学历，二没经验，去哪里工作都是一样。与其抱怨、挣扎，不如"臣服"现实，在厂里学些知识，积累经验。

从那以后，黄海变得比以前更勤快了，领导交代的事情总是第一时间完成，在下班后常常一个人坐在车间里研究机器的构造。这样，在"窝"了5年后，黄海终于得到了回报，被升为车间主任。

黄海的"臣服"同样换来了美好的结果。

先要澄清一下，这里所说的"臣服"并不等于要"放弃"，抗争指的是对于无结果的事情做无意义的反抗。在没有认清事实的情况下，这种"抗争"自然不如"接受"，因为"接受"才能做下一步的改变，它实际上是让人们先接受客观事实，然后继续往前。接受了过去所发生的一切，人们才会更从容、更清醒地对待未来将要发生的一切，有效地找到解决方案，这可以大大减轻自己的心理负担。

臣服，指放下无谓的反抗，学会和周围的环境好好相处，通过改变自己来改变环境。这样做为的是更好地看清未来的路，判断未来怎样走，朝哪个方向走，怎样才能完成生命中的美好使命。抗争和判断生命中已经发生过的一切，只会让自己遭受更多的痛苦。学会接受，学会放下，人生会有一片新天地在等待着自己。

改变的方法二：放下对过去的执念

曾经被某个人伤害和欺骗过，如果再次遇见和他相似的某个人时，通常的反应是紧张和担心，甚至拒绝和那个人交往。这显然是过去的某段经历所引起的，正因为无法忘记那段过去的经历，所以才对现在的某个人产生了不必要的戒心，这势必影响自己未来的人际关系。为了将来的发展，最好的办法就是放下——把过去放下。

当生命中出现重大变故时，每个人都有选择权，可以选择在痛苦当中继续痛苦，也可以选择尽快忘掉痛苦，开始新的生活。在这两种选择的基础上，危机过后的人生道路通常可以分为三种：（1）"安全"的路。设法渡过眼前的危机，回到危机发生前的生活模式。其实所谓的"安全"并不是真正的安全，不过是将一切重新归位到原来的位置，这种不朝前看的做法，是很不容易走出危机的。（2）"醒悟"的道路。在危机发生后，幡然醒悟，抛掉过去，让一切重生。这种做法是真正的放下，往前走奇迹或许就在下一站等着自己。（3）介于前两者之间的路。想要回到从前的样子，直觉却告诉自己不要，想要开始新的生活却缺乏勇气，选择这条道路的人是最艰难的，因为他会面临比前两条路更大的恐惧和困惑。

经过心理学家的调查和总结发现，单纯选择前两条路的人并不多，数量居多的还是选择第三条道路，他们既不想回到从前，也不想改变自己的生活重新开始，于是，他们陷入了一个未知的世界，既放不下过去，又无法重新面对未来，缺乏目标的他们只好困惑。心理学家发现，如此多数人在危机来临时选择第三条路的终极原因还是恐惧。他们害怕过去，害怕过去所犯过的错误，所以他们恐惧回到过去；他们害怕未来，害怕未来的一切不确定，害怕自己不会成功，所以他们害怕重新开始。这么多的恐惧和害怕让他们在原地不敢动弹，不回头，也不向前。

心理学家给出的提醒是，恐惧和害怕都是人生中必然存在的，当它们出现的时候，人们是可以主动去改变自己和它们的关系的。别让它们去奴役自己的人生，要勇敢地迎上去，不退缩，否则就会止步不前。放下对过去的恐惧，不要企图去控制周围的什么，只要掌握住自己的人生，未来会是一片光明。

法国作家安德鲁·摩洛曾经说过这样一句话："不去遗忘，就不会有幸福。"遗忘那些带给自己不快乐的过去，积极地去为自己创造未来和幸福。

放下过去的另一层意思是取舍。曾经有个没有考上大学的年轻人，一度感到心情沉重。为了生存的需要，他到一家理发店开始学习理发，但他始终认为自己应该去学习。于是他参了军，但复原后仍旧没有更好的前途，只好重拾老本行，又开始理发。到了这个时候，他才明白，对他而言命运给他安排的职业就是理发。从此后他在理发这个职业上全身心投入，一门心思地只想把理发这个工作做好。没过多久他就成了当地小有名气的理发师，还开了自己的美容院。倘若一直抱着过去的想法来面对现实，不懂放弃，不知专注于现实的话，他的人生道路注定是不光明的。

过去的自己即便再辉煌，都成了过去了，今天才是真正要好好去面对的。想再给自己创造一个辉煌的明天，就别总逗留在过去，忘掉它们，放下它们。从今天开始，哪怕处处都有阻碍，试着一步步往前走。人生真的不能太过偏执，放下才会为自己赢得美好的命运。

改变的方法三：放下对完美主义的执念

"金无足赤，人无完人"，这句俗语大家从小就知道。正因为没有完美，人人才都在追求完美。现实中的完美都是相对的概念，没有绝对的完美，那只是美好的理想状态。

人都是有血有肉的，因为不可能是绝对完美的，即便是伟人、名人，他们也不是绝对完美的，只不过他们在某一项事业上的成就让他们站到了人生的高峰，而这些成就又恰好掩盖了他们身上的不足，人们只看到了他们的成就而忽视了他们的不足，就常常误以为他们是完美的。事实并非如此。每个人性格当中都有自己的先天优势和先天不足。在处理事情上关键看自己如何扬长避短，如何用更有效地方式去解决，做到完美无憾是几乎不可能的，只要充分地应用自己的优势就足够了。

有缺点不用害怕，再优秀的人都有缺点，何况是普通人。有了缺点及时去改正，所谓亡羊补牢为时未晚，不要一看到自己的缺点暴露就紧张兮兮，遮遮掩掩。认识到缺点就去改正，如果一时改正不了的，也不用担心害怕自己不够完美，企图让自己尽善尽美，只能适得其反。不能过分地强调自己的缺点，同样的，过分地纵容自己的缺点也是不对的。认为自己的缺点永远都改不了，就会失去动力，止步不前了。用一种最合理的方式去面对自己的缺点，这才是正确的态度。合理地把握自己的优点，面对缺点时也不慌张，豁达些。事物本来就是两面的，在某一种情况下是优势，在另一种情况下也可能是劣势，完美没有绝对，缺点和劣势也不是绝对的。必须清楚，人无完人，但尽力去做就是最完美的状态了。

别人的眼光也说明不了什么，因为没有一件事情可以让所有人都满意。众口难调，大家看事情的角度都不一样，一件事情的解决方法有千千万万，怎么可能每一个人都去尝试一次！容许自己让自己满意，让大多数人满意就可以了，苛求所有人都满意的事情是不可能发生的。尽力而为，容许自己有改进的空间，人生才更有弹性可言。

抛弃完美主义，首先要做到的就是不去苛求任何一件事情的结果。

苛求结果最终会给自己带来更多的幸福吗？如果不是，那么又何必去人为地给自己制造那么多的痛苦和烦恼呢？都说认真的人最美丽。认真不是为了苛求，而是把自己的长处发挥到极致，把注意力集中在工作上，好好地完成一项任务。认真不等于偏执，不等于苛求，它重视的是过程，让人们可以驻留在路上去欣赏生命中的处处美景，而不是只求结果让人生变得异常沉重。过分苛求往往还和偏执与自我压抑联系在一起，苛求地位也好，苛求名利也好，总是会扭曲人们最初的理想和信念，过分苛求的人会常常感到压力大、身心疲惫等，长此以往会给身心造成诸多不健康的影响。

古语有云："水至清而无鱼，人至察则无徒。"绝对的完美主义其实等于绝对的不完美。现实生活中，对事、对人、对自己都要求完美，生活中的自己会变得焦虑不安，何不好好地去享受一下身边的美，再去为自己创造未来的美，这要比死盯着遥不可及的极限而折磨自己要好得多。

改变的方法四：欣赏缺憾的美

人生总是不完美的，存在各种各样的缺憾，可这也是一种美。没有了缺憾就不知道真正的完美，就留不下记忆，难道这还称不上美吗？

曾经有一位心理学家做过这样一个实验。他拿着一张有个黑点的白纸给他的几个学生们看，问他们看到了什么，学生们异口同声地回答：黑点。心理学家从这个实验中得出了一个结论，人们通常只是把注意力放在自己和他人的瑕疵上，而大量的优点却常常被忽略，就像学生只盯着那个小小的黑点，却忽视了整张白纸一样。缺憾是明显的，人们总是会去计较，而不存在缺憾的地方呢，就因为一点点的缺憾就否定它们的存在吗？再说，缺憾也不全是糟糕的事情。曾经有一位爱好自助旅行的女旅行家，经过多年的旅行后拍了很多照片，还结集成册出版了。有人问她有什么旅行心得时，她说："我感谢我长得丑，因为丑所以我很有安全感，如果换成是一个美女的话，那独自旅行就相当危险了。"

人世间，许多人都注定了要和自己身上的"缺陷"终身相伴。不用因为希望改掉这些缺陷而做事谨小慎微，生怕出错。这样的人缺少个性。客观地说，人性格上存在一些"缺陷"，它所带来的缺陷美要远比那些十全十美的人更具吸引力，更有自己独特的个性魅力。

其实，除了人是不完美的以外，整个世界也是不完美的，它也是处处都有缺憾，而这种缺憾几乎充满了整个世界。有时候，想看一种风景的时候，风景却已经不在，有些景致并不想看，却时时刻刻在自己身边。这就是缺憾，人只能生活在相对固定的环境当中，这个环境不可能具备所有人都期望拥有的元素，这就是它的不完美，而且人们是弥补不了它所有的缺陷，它有自己的发展规律，别期望按照自己的愿望去改造它，不如去欣赏这样的缺憾美，这也是一种享受。

缺陷和不足人人都有，但从个体的角度来说，缺憾和不足正是自己区别于他人的最重要的标志。也许在某个方面自己确实不如其他人，不过另外一些方面别人可能就存在着缺陷，而自己正好拥有了别人难以企及的特长。世界就是这样，人和人之间因为互补，才能充分发挥每个人的特长，让每个人都有机会去创造自己美好的人生。

学会欣赏自己的不完美，缺憾美就是自己独一无二的标记。

改变的方法五：坦然面对生活中的不确定

世上的事情，不确定的远远多于能确定的。比如，在路上散步，谁都不知道会碰到谁；每天工作，也不确定今天的任务是否可以顺利完成；哪怕只是一次谈话，都不确定对方会说些什么，在想些什么。这么多的不确定构成了人生，正因为一切都不确定，生活才更加真实且充满趣味。

生活中的不确定都是中立性质的，没有好坏之分。可是，那些成天忧心忡忡或是喜欢反复纠缠一个问题的人，就一口咬定这些不确定代表着会出现不好的结果。他们认为只有确定才是对自己负责的表现。于是，他们会常常在某种不确定的情景下做出一些很荒诞的举动。这样肯定是不对的。世间万物如果都可以被确定，生活大概就没有现在这么丰富多彩了。真要对自己负责，不是去把所有的不确定消灭，而是要先消灭自己心中对不确定的恐惧，坦然地去面对那么多的不确定，发现它们背后的精彩，养成良好的心态比担惊受怕来得强。

不确定性在人身上的表现形式一般体现出的是人的反复无常。通常，要求凡事都要确定的人是忍受不了反复无常的。可是，事物变化无常，本来就是它存在于这世界的自然属性，事物总是在不断变化运动着的，不同阶段、不同视角去观察同一种事物都会得到截然不同的观点，何况人本身也在发生变化，自身也存在复杂的不确定因素。人类是复杂的生物，有自己的思想和决定，但由于时间和空间的不断变化，人不断地在调整自己的视角，动机可能不同，方式可能不同，态度可能不同，情绪可能不同，而这些都使人们不可能一成不变。如果只是一门心思地期望人们的思想和决定保持不变，永远只用一种角度去观察人和事物，这几乎是不可能的。即便是那些擅长深思熟虑的人，他们的观点也常常作小小的调整，因此人的情感和思维的复杂性是无法改变的。

改变的方法六：既然拿得起，就要放得下

凡事要拿得起，更要放得下，什么都放不下的人，也就什么都拿不起，也得不到想要的东西。日升日落，顺其自然，要放下的时候就放下，要拿起的时候也要勇敢地拿起。

曾经有过这样一个故事，一个富豪和一个农夫在一个小树林里遇见了。富豪问农夫在这里干什么，农夫告诉他自己在放羊，羊在山坡上吃草，自己在这里闲晃晒晒太阳。富豪觉得很惊讶，于是对农夫说，你有这大把的时间为什么不去多干点事情，多赚点钱，给自己买上大大的房子？农夫问富豪，买上那么大的房子要干什么呢？富豪回答，可以有大大的院子晒太阳啊！农夫不解地反问道："可是我现在就在晒太阳啊，为什么我还要花那么多时间，花那么大气力呢？"

显然，富豪的考虑要比农夫复杂许多。人的一生也正是因为考虑的事情太过庞杂，心思太过复杂，诱惑太多，才让自己忘掉了最本真的东西。常常为了追求一些虚无缥缈的东西，忘了其实自己原本就已经有了不少。追求没有错，但是追求得过分多了，心灵就会吃不消，学会简化自己的人生，应该把一些不需要的、不必要的东西毅然决然地放弃掉。

但"拿得起"容易,"放得下"太难,这取决于人的心态。"牢牢抓住,轻轻放手。"这是用来鼓励人们在得失之间取得平衡的一句话。世上很多名人正因为"放得下"才成就显赫,若是他们事事计较,是无法在某个领域上有建树的。

"放下"是一种觉悟,更是一种自由。拿得起固然可贵,但放得下更是一种智慧。如果不懂得"放下",就会变成心胸狭隘、斤斤计较的人。只有放下了,才能抓住手中最重要的东西,如果眉毛胡子一把抓,最后会什么都没留下。

拿得起又放得下的人才是人生态度豁达的人。漫漫人生路,失意不可怕,只要内心的信念还存留着、坚持着,即便有再多的艰难险阻,豁达面对人生,也会觉得一切磨砺都是上天的馈赠,各种坎坷都是对自己意志的考验。

世间人与人的性格迥异,有些人大胆鲁莽,有些人小心谨慎,有些人聪明,有些人狡猾。但不管是哪种性格,拥有哪种力量和激情,都需要豁达的心态。不论是谁、怎样的性格,豁达的心态对他们而言都是人生态度上的一种完美体现。豁达处世,是一种积极的待人处事方式,是一种健康的生活状态。

豁达的心态,才能洒脱地面对自己的人生。它不是一种思想上的轻佻,不同于玩世不恭,更不是自暴自弃,洒脱是一种带有积极心态的超前。有了洒脱才不会终日忧心忡忡,才不会遇到挫折后彷徨失意。洒脱会改变人们求全责备的毛病,轻松地面对自己,重新找回希望。

第四章 ╱ 孤独的情绪：享受而不忍受

孤独是一种很常见的状态，而对于群居性动物——人来说，孤独有时是可怕的，大多数人会沉溺在这样的一种所谓的"不良"状态里。他们害怕孤独，害怕寂寞，因为在他们眼里，孤独和寂寞是失败者的专利。但事实并非如此。内心强大的人不会恐惧这种状态，寂寞和孤独中的他们更冷静，思维更清晰，孤独让他们更独立。他们不但有积极与人联络的能力，还有很强的独处能力。孤独和寂寞的状态反倒成了他们成就自己事业的一个绝好契机。

改变的方法一：矫正对孤独感的看法

人是群居性动物，很多人都害怕孤独。实际上，孤独并不完全都是坏事，心态稳定时，独自一人思考或是反思，此时的孤独是件好事。但大多数人独自一人时，总是感到抑郁不安，容易产生绝望的情绪和强烈的恐惧感，不断地感觉自己被孤立、被抛弃，甚至会封闭自己，变得敏感孤僻，这种情况下的孤独对人产生的就是不良的影响。

处于负面心理状态下的人，孤独对他们而言已经不是简单的一个人时的状态，即便在有人相伴的情况下，他们也不会主动与他人交流，极端地孤立自己，陷入一种孤独——不与他人接触——更加孤独的恶性循环中，寂寞空虚的他们会自我暗示大家都排斥他们，无人愿意和他们说话交流，郁结的情绪不但没有得到释放，反而愈发严重。所以，孤独感在心理状态消极的人看来，是一种驱使自己花更多时间独处，而后焦虑、被动、敏感、恐惧等一系列问题随之产生的糟糕的感觉。

可是孤独感对人的影响是否就仅限于以上所说的那些呢？答案当然是否定的。独自一人在本质上也是一种外在环境因素，它对人的影响很大程度上还是取决于人本身的心理状态，取决于用怎样的态度去直面这种容易滋生孤独感的境况。接下来，我们就全面审视一下孤独。

为了叙述方便，姑且先将那些困在孤独感中的人称为孤独症"患者"吧。孤独症患者普遍害怕孤独的状态，就如本章开头所说的那样，在孤独感和消极情绪的共同作用下，他们觉得一切都暗淡无光，难以继续，只会在用一种绝望退缩的方式来排遣内心的空虚。再看看孤独症患者对孤独持有的看法，且不论这些观点正确与否，就观点透露出的信息来看，孤独和孤独感的概念在孤独症患者眼里很可能已经被曲解了。

孤独症患者一般会偏执地认为与他人交流、结识他人很难。他们抱着强烈的自我挫败的想法，认为在自己所处的环境中去结识他人几乎没有可能。曾有心理学家对孤独症患者进行访谈，当谈到与人交往这一话题时，有位孤独症患者这样说道："上大学时，至少在宿舍可以结识一些同学，但工作以后，生活在这座城市里，大家彼此都不认识，互相连名字都不知道，而且大家看起来都不够友好。"他的话中已经隐隐透露出之所以孤单一人，问题的关键在于结识别人似乎是一个不可逾越的障碍。既然如此，那么孤独症患者摆脱孤独所带来的不良情绪，首先要攒够勇气跨过障碍，大胆去和他人交往。前面提到的那位孤独症患者曾在心理学家的指导下，尝试用循序渐进的方式来慢慢与人接触：第一步，无论身处何处、无论何种场合，都尝试去观察身边的人，留心他人的一举一动、一言一行，学会在交往中用眼睛直视他人。心理学家的依据是，人往往对拒绝很敏感，两个人或是多个人的接触中，彼此不能直视对方，彼此的陌生感就难以消除，彼此也就感受不到对方的诚意。常言道，眼睛是心灵的窗户，直视对方，留心对方的言行举止，眼神所传达的讯息交流无疑能促进人与人之间的交流。第二步，注意是否有人也在留意自己，关心周围的人，从他们的眼神中读出点什么。交流接触是双向的活动，已经学会留意别人举动的孤独症患者，接下来要做的就是换个角度发掘他人，来肯定自己，增强与人交往的渴望，确认同样也有人有诚意与自己接触。第三步，主动上前与人交谈。完成了第一步和第二步，第三步也就没有什么难度，自然而然地就会发生。孤独症患者依次经过这三步的训练，不仅可以彻底走出消极孤独感的阴影，还可以消除对交往的恐惧症，再也不会固执地认为个人的孤独感会造成交往的困难了。

陌生人不是不可接近的，但患有孤独症的人却通常一再向自己确认，他们无法接近陌生人，而陌生人也不愿接近他们，这个原则就好像是某个颠扑不破的真理一样存在于他们心中，限制了他们与他人交往的自由。回过头好好想想，究竟是谁给自己下了这样的紧箍咒？只有自己，是自己书写了这样的原则，逼着自己无条件地遵守，是内心的那股消极的力量在作祟。一旦打破这样的原则，不再相信它，大家就都可以走出孤独和恐惧的怪圈了。

孤独症患者的另外一个特点——怨天尤人，他们会认为自己的处境出奇悲惨，这是长期沉浸在孤独当中的人的通病，也是一个典型的心理陷阱。同样是刚才提到的那名孤独症患者，在提及自己的处境时，他说道:"如果孤身一人,那肯定很悲惨。"理由很简单,孤独的环境下,容易接触到不良情绪影响的人,就会忧虑、担心,然后伤心,成语中的"顾影自怜"说的就是这个意思。既然连自己的影子都觉得可怜起来,那这世上还有谁能比他们更加悲惨呢?于是,他们周而复始地思索自己为什么会变得如此可怜,随后自说自话着:

"你就是个失败者,就因为你什么都做不好,所以没有人愿意和你交朋友,更没有人愿意爱你,你只会永远孤独!"

"我承认我是这个世界上最失败的人!我只能孤孤单单的!"

每天重复这样的对话,这样的自责,就好比每天都有个人在自己身边,不断地批评自己,一点正面的肯定和赞扬都没有,只是一再地强调自己是失败者,想想都觉得是件挺悲惨的事儿。困在消极情绪里的人,已经是满脑子关于自己的负面想法了,怎么还能抵挡得住这般悲惨的袭击?

心理学家针对这一症状,也提出了治疗方案。同样也是分步布置"家庭作业"的方式,首先,积极地去引导孤独症患者去细心观察周围的人的善行。有患者在公园里发现,自己的身边有人给无家可归的人钱,那些无家可归的人会对施舍给他们钱的人说"谢谢";还有人帮妇女推婴儿车;有人甚至在逗自己开心,等等。看起来似乎周围的人都在做着自己力所能及的事情,事情尽管有大有小,但没有人因此认定自己是失败者,就连公园里的流浪汉都好像并不这么想。其次,心理学家会让孤独症患者也实践善行,用心发现自己的有用之处,慢慢肯定自己,再由他人肯定自己。患者做完这样的"家庭作业"后,就不再觉得自己对这个世界毫无价值了,自己可以做的事情还很多,而完成以后所获得的成就感和满足感足以战胜之前的挫败感。

改变孤独症患者对孤独感的看法，抵制消极情绪的入侵，就必须对可能产生的消极想法发出挑战。

（1）挑战挫败感。挫败是因为不与人接触，也就不知道自己是否被需要。打开自己的心灵去和别人好好聊聊，也许他们缺的正是自己。

（2）挑战孤独感。生活在这个处处都充满了关联的社会，任何人都有父母，有亲人，有同学，有朋友，有同事。只要有诚意，就不会只是孤单一人，因为大家都处在一个庞大的关系网里。

（3）挑战自卑感。当自己找不到自己的优点，找不到自信的话，就把自己曾经做过的事情一五一十地列在一张纸上，看看究竟是成功的事情更多，还是失败的事情更多。如果这还不能帮助自己找回自信的话，那就想想朋友对这些事情的评价。

（4）挑战末日感。孤独不是世界末日来到，因此去尝试一些新的东西，忘掉过去的不开心，在可能感到孤独的时候，安排一些想做的活动，比如和朋友去冒险，自己听听音乐，与家人聊聊天，等等，生活兴许会变个模样。

改变的方法二：学会与寂寞共处

和孤独一样，寂寞也是人一生中逃不掉的一种状态，在漫长的人生道路上，它如影随形，与人生相依相伴，依附终生。虽然没有人一辈子都与寂寞为伍，但只要活在这个世界上，就卸不掉那份寂寞。

喧嚣的人世间，多数人还没学会怎么和寂寞相处，耐不住寂寞的他们显得很浮躁，总想远离寂寞，可是越是想摆脱寂寞的纠缠，越是发现它时隐时现，无处不在。工作生活中出现难以负担的重压时，曾经的理想拐个弯转身远去时，生活的目标因为现实而变得虚无缥缈时，人们就会和寂寞不期而遇。在这些叫人意志消沉、颓丧不已的时刻，寂寞不是不速之客，它仿佛一位知心好友，始终陪伴在身边，或促膝谈心，或安抚情绪。读懂寂寞，好好与寂寞相处，人生也许会因为寂寞而美丽呢！

圆满的人生需要战胜寂寞，而不是要大家去消灭寂寞，与寂寞为敌，实际上和寂寞和谐相处，享受寂寞才是与寂寞为伍的最高境界。南宋著名词人辛弃疾就在一首词中提到过某段时间自己所居住的环境是"笑吾庐，门掩草，径封苔"。字里行间透露出词人当时的寂寞何等强烈，可是寂寞中的辛弃疾却不见自暴自弃，专心读书、潜心创作，生活过得也是有滋有味，"味无味处求吾乐，材不材间过此生"。辛弃疾用他自己的人生智慧和内心的机智，领略到了寂寞的另一种境界。

大凡成大事者，都要先耐得住寂寞。古今中外，多少伟人的成就都是在寂寞的打磨之下取得的。西汉司马迁，触怒汉武帝，忍辱受酷刑，在此后很长的一段时间里，与寂寞为伴，著出了伟大的历史著作《史记》；李时珍花费几十年的时间，独自一人访遍各地，这里面的寂寞可想而知，历尽艰辛的李时珍尝尽百草，撰写了传世药书《本草纲目》；诺贝尔奖获得者居里夫人，在丈夫皮埃尔去世后，忍住悲伤，全身心投入镭的研究中，寂寞给她提供了专心致志钻研学术的机会，最后她凭借对镭的发现获得了诺贝尔奖。可见，人一旦学会了和寂寞打交道，和寂寞交朋友，即使环境再恶劣、再艰辛，也有可能活出艺术，活出境界。

受不了诱惑的人，大多是耐不住寂寞的，要与寂寞为伍就要自觉抵制各种诱惑。所谓"食色，性也"，人也是动物，免不了要受食、色这样的物欲所诱惑。《礼记》中就提到："人生而静，天之性也，感于物而动，性之欲也。""感于物而动，性之欲也"，指的是人因物欲而为物所牵制。显然，这本是人的天性。寂寞越久的人，越经不住花花世界里的种种诱惑。诱惑是最会钻寂寞的空子，它会让寂寞的人想入非非，纠缠于物欲当中。而耐得住寂寞的人，守得住内心的一份纯净和自觉，面对乘虚而入的诱惑，保持警觉，安之若素，处变不惊，不轻易把自己的漏洞露给诱惑，给予它们可乘之机。正如上文提到的那些伟人，寂寞时的他们闹处不闹，闲处不闲，"达则兼济天下，穷则独善其身"，正因为他们守住了心底的那份对事业、对生活、对理想的坚持，他们身上具备的动中守静的人格，并抵挡住了诱惑的侵袭，他们才能登上各自人生的顶峰。

世上人人都与亲人、朋友有一定亲密的关系，但亲密归亲密，却难以与所有人都做到"无间"。也就是说，实际上人和人无形间都有或大或小的距离，所以，即便有亲人、有朋友，人们也会常常感到寂寞。寂寞的人若是有力量能承认自己寂寞的事实，利用寂寞抵制诱惑，成就人生，寂寞又怎么会可怕呢？应该说，读懂寂寞的人，寂寞让他们更加美丽。

能在孤独中与寂寞为伴，完成自我使命的人很了不起。如若不是领略过真正的孤独与寂寞，就不会知道怎样用强大的内心力量去战胜孤独和寂寞。只有摸索出适合自己的路，实现了自己，才会相信寂寞的自己并不可怜；相反的，寂寞的激励作用才真的难得呢！

孤单时不孤独，寂寞时不寂寞，这是需要长久的心理磨炼才能做到的，在这场没有硝烟的自己与自己的战争中，壮大内心的力量，充实和丰富自己的心灵，才不会惧怕孤单；耐得住寂寞，才会获得精彩的人生。

改变的方法三：孤独并不意味着失败

失败者才孤独，这个观点相信没多少人会有异议，反过来呢，孤独的人都是失败者，这也一样成立吗？随便举个例子就会知道，后一个观点在逻辑上是不成立的。每个人经历过单身的阶段，而后才因缘分与另一个人结识，结为夫妻。如果套用孤独的人都是失败者的观点，那问题就很严重了，世界上所有的人在结婚前都是失败者，而且结婚就是两个失败者的结合，结婚的那一瞬，这两个失败者一下子转变成了成功者，说到这儿，真该感叹结婚确实有股很神奇的力量啊！由此可见，孤独和失败者之间并非有直接关系，至少孤独不一定代表失败，谁都会孤独，但不是所有人都失败。可惜，总有处在孤独里的人认为是自身存在很大的缺陷造成了自己孤身一人。

年轻的时候，尤其单身的时候，换一份工作，换一个住所，换一个城市，常常有孤独的感觉，有时持续的时间长，有时持续的时间短，但不管怎样，大家一律因为觉得自己不被他人需要，不被社会需要，哪都不如其他人，而把自己归到失败者的行列中去。其实没有什么实实在在的证据证明他们是失败者，只是他们内心的孤独感在作祟。还是有不少单身的人很满足于他们当前的状态，因为他们有工作，有朋友，有挑战，有自己的兴趣爱好，没人觉得他们失败，他们也不认为自己失败，他们是怎么做到的呢？

还是用孤独症患者做例子吧，他们是把孤独和失败画等号的典型。

心理学家在对他们的分析和治疗中，首先针对失败者的定义，对他们进行提问。几乎所有的孤独症患者的观点都大同小异——失败者就是一无是处、一事无成的人。与此同时，在调查中，这些人却不否认自己身上确实也存在不少优秀的特质。当心理学家企图通过解决这一对观念上的矛盾来解决孤独症患者的问题时，这些患者又提出了新的疑问——尽管自身拥有自己所期望的优点，但因为孤身一人，依旧会一事无成。在他们眼里，完成某一项任务，必须由具备这些优点的多人协同完成，而一个人是不可能达到的，即便他身上的优点再明显、再突出，也无济于事。例如，有些对电影很有见地的孤独症患者，却从来不敢一个人去电影院看电影，他们觉得电影院是情侣们谈恋爱的专属区域，他们单独去在那里会显得格外扎眼。他们似乎对于一个人去看电影，去听音乐会，甚至是去餐馆吃饭等生活中的琐事都底气不足。心理学家认为，这一切一切的根源都还于他们认为自己很失败，别人会对孤身一人的他们投来不屑的目光，于是，他们的世界只能越来越小。于是，心理学家引导这些患者设想自己独自一个人去看电影、听音乐会的场景，设想自己是否可以从单独参与这些活动中获得快乐。此时患者的回答通常都比较消极。接着，心理学家继续引导患者试验一次一个人看电影或是听音乐会，目的在于观察他们身边是不是也有同他们一样的人，以及那些并不是一个人去的人们，看看这两类人在参与这些活动时的不同。大多数患者经过自己的实际观察后，都会得出这样的结论：有人一起去参与这些活动固然好，但是一个人单独去参加的人也不在少数，他们相对前者来说，显得更自信，更坚定，更容易结识陌生人，这些特质是前者所不具备的。心理学家就是这样一步一步地解开孤独症患者的心结，慢慢地让他们相信孤身一人不一定就等于失败，敢于尝试独自一人做事，主动与陌生人交流，最后他们也会有很多的朋友，脱离孤独的。

　　除此以外，心理学家还经常应用认知疗法来治疗孤独症患者，他们给患者安排单独活动的时间，以及和他人一起活动的时间，让患者自主去寻找和他人交流的机会。认知疗法的做法会很快缓解患者的那种痛苦消沉的感觉。

　　生活在这样一个快节奏的世界上，孤独几乎已经成了每个在都市打拼的人的流行现象了。千万别把它发展成病态，去习惯孤独给予自己的那些专利吧。一个人可以拥有更多的自由，无须依赖他人就可以根据自己的意志做自己想做的事情。此外，请珍惜此刻主动认识他人的机会，如果他也是独自一人的话，他会很欢迎和接受这样的交谈的。

　　怎样以一种健康和正面的心态去挑战孤独，最重要的是别让孤独感扭曲了自己的观念，让所有积极的想法集体从脑子里搬家。好好研究一下关于孤独和失败间联系的假设，事实上它们着实不堪一击。

　　（1）认识别人太难了！当然不是，只是不愿意而已，一切比想象中来的容易得多。

　　（2）孤独的人就应该伤心！当然不是，要不然全世界有一半的人从出生开始就在伤心了。

　　（3）失败者都是孤独的！当然不是，孤独只是一种处境，失败是对人成就的一种认定，由失败者必然推演出孤独者，这是多么荒谬的理论。看看这个世界上，还有很多很优秀的单身人士呢！

　　（4）孤独的人注定一事无成！当然不是，世上有很多事情一个人是可以顺利完成的，它们没有人数上的限定哦！

　　（5）孤独的人不属于互联网的世界！当然不是，请记住，如果你想拥有一大帮朋友，就抛弃对互联网的成见，它也是当今社会认识志同道合的朋友的一种途径。

当然，还可以建立自己的活动社区、组织、团体或是俱乐部，它们可以在有相同志趣的人们之间建立特定的联系，这也有助于孤独症患者摒弃他们的消极想法。还有，给自己养一些自己喜欢的小动物作为宠物，在爱护它们的同时感受到被它需要的感觉也是不错的。

改变的方法四：通过独处强大内心

寂寞与孤单，大多来自于独处。通常情况下，人们认定了与人相处的能力是为人处事的重要能力，却常常忽视一个人独处也是一种很重要的能力。于是，很多人喜欢热闹，却不善于独处，害怕独处会让人消沉或是封闭。其实，真正学会独处要远比与人交往来得重要得多，毕竟只有当人独处时才可能冷静下来，好好反思自己。如果说与人交往是人在群体中得到认证的话，那么独处就是人在一个人的环境中对自我的认证。缺乏与人交往的能力固然是一种遗憾，但缺乏独处的能力更是一种人生缺陷。

绝对的独处是不存在的，也不会有人可以做到绝对的独处。这里说的独处不过是与群居相对的概念，但即便如此，还是有人无法忍受独处。他们害怕一个人，哪怕就是一个人待上短短的一段时间，他们也会浑身不自在，觉得度日如年，盼望着找个有人的地方去消遣一下，尽快结束这种煎熬的状态。这种人在当今社会上还为数不少，他们的精神世界极度空虚，因此独处让他们不知所措。他们平常的生活看似热闹不已，身边有很多人和他们在一起，但心里面却始终感觉空落落的，所以才希望可以用这些表面上喧嚣的东西去填满内心的空洞。就因为如此，他们甚至无法去面对自己，尤其是独处的时候，最后他们只会对独处越来越恐惧，因为避不开空虚的自我。他们逃避，空虚，再逃避，更空虚，他们的人生只在逃避和空虚中循环。

前面提到过寂寞，不是说独处就不寂寞，只是懂得寂寞的人会积极地利用寂寞创造在独处中反省自己的机会。可以这么说，擅长与寂寞相处的人大多善于独处。不是所有人都安于寂寞，也就是说，不是所有人都善于独处。既然这样，那为了强大内心，学会独处是很有必要的。细心观察，就会明白，人只有在独处的时候，才会发现自己的灵魂从繁杂的其他人和事物中纯粹地抽离出来，在独立的空间里自我修复和自我完善，此刻灵魂仿佛站在自己的对面，聆听自己的声音，甚至与自己对话。这种神秘的魅力是独处特有的。

若从专业的心理学角度看，培养独处的能力也是十分必要的，独处为的是整合内在的自己。心理学上所说的整合，就是将新获得的经验与内在原本就具备的经验匹配，找到属于新经验的合适的、恰当的位置。人们在生活中，不断地经过这样的整合，才会消化外来的一个又一个新形象，而内在的自己也会因为吸收和消化成为一个相对独立且运动着的系统。就这方面而言，一个缺乏独处能力的人，确实是个内心有巨大缺憾的人，他的内心没有一个相对自足的系统，这不但会影响到他自己本身，还会进一步影响他与外界的交际。

俗话说，心灵有家，生命才有路。掌握了在生活中独处的能力，与自己独处的能力，才能让自己的内心安然着陆，找到应有的归属。学会独处的人，必定是心胸广阔，心智成熟，进而悟到人生的真谛和生命的深邃。记住，内心的强大就是在这一个个独处的机会中完成的，因为内心需要反省、需要完善，独处是人们平静下来修复自己的最佳时机，别轻易就让这么好的机会与自己的内心擦肩而过哦！

改变的方法五：与内心的自己对话

有时，一个人独处时，谁都不在身边，或是想不起任何人，但别忘了始终有个人不离不弃地陪着呢！不错，那个人就是自己，快和自己交朋友吧，他会是个不错的知心朋友的。还记得孤独症患者的症状吗？患有孤独症的人，总在孤独时产生一系列的负面想法，不但是否定自己，觉得自己的境遇悲惨到了无以复加的地步，还由此认定自己就是彻头彻尾的失败者，诸如此类，等等。总之，负面信息接踵而至，驱不散，赶不跑。试想一下，如果自己是自己的好朋友的话，有谁还会如此诋毁自己的朋友，还会认为自己的好朋友是个失败者呢？答案是显而易见的。

举个例子来说说怎样和自己交朋友好了。设想某个周末的晚上，自己一个人在家，没有朋友的约会，也没有任何外出的计划，这个时候是不是就因为这不知道该做什么好而感到孤单、感到沮丧呢？这么想肯定是不对的。约自己外出的是朋友，那么一个人待在家里就没有朋友相伴了吗？当然有了，自己就是自己这时最好的朋友。请注意，这个朋友同其他朋友相比可能有很多与众不同的地方，他可能会是最温暖、最善解人意、最慷慨无私的朋友，他会耐心地去听内心的声音，了解内心最真实的想法。为什么不好好地和他来一次对话？就和从前每一次和好朋友的对话一样，玩一次角色扮演，演一回自己和好朋友的谈话，只不过这次需要一人分饰两角罢了。

光是想想就会觉得这样的对话实在有趣，和此前的每一次对话都不同，这是个多么私密的好友啊，他会怎么回答自己抛出的问题呢？当自己孤单一人沮丧时，这个好朋友会在旁边安慰道："有我和你在一起，你为什么还会这么沮丧呢？我真的很喜欢你，请相信我会永远在你身后支持你的。你又何苦一直自责自己呢！"他会一件又一件地提起自己曾经经历过的美妙的事情，那么多值得回忆的经历，想起那些看过的世间美景。他还提醒自己掌握了许多美好的事物，例如温馨的电影，柔美的音乐，读起来余味无穷的诗篇，等等。知道了自己已经拥有了这么多让人难以置信的幸运，还会有人陷进自责的陷阱里不可自拔吗？

身边有个这样的好朋友，就别再恐惧孤独了，只需稍加留意，自己就会明白有这样的知心朋友在，是件多么幸福的事情了。

第五章 ／ 绝望的情绪：失意而不消沉

绝望是抑郁情绪达到顶峰时的一种症状。如果说失望是对现在的一种评价的话，那么绝望的可怕之处就在于它所针对的是未来。人如果失去了未来就等于几乎失去了一切。因为这样的情况下，绝望会暗示自己放弃一切举动，放弃自我实现，放弃所有的希望，认为未来是无可挽回的悲伤和失败，并且再也不相信自己会成功了。如果感觉到绝望了，请问问自己，是不是已经尽力了，绝望对自己是不是有帮助类似这样的问题，或许能够从答案中明白些什么。

改变的方法一：认识绝望情绪

绝望是抑郁的极致表现，绝望的人是害怕一切的，包括希望在内。对他而言，世界已经黯淡无光，他自己世界的毁灭在所难免。绝望会摧毁全部的希望，感觉努力是不奏效的，做什么事情都是在浪费时间而已。而比感觉浪费时间更可怕的是，自己还会为自己的所作所为而感到莫大的羞耻和失望。为了避免自己把自己看成"傻子"，所以内心选择了绝望，对前面所做过的一切表示否定。

绝望和身上的任何一处疼痛一样，是一种让人不适的症状，它是一种病态的表现，不是真实情况的反应。它是抑郁情绪达到顶峰才会出现的一种症状，如果把抑郁情绪比成感冒咳嗽的话，那它就是发烧，而且烧得不轻。抑郁这种"感冒"爆发的时候，人的情绪低落，注意力都集中在不开心的事情上，渐渐地，如果不治疗的话，病情就会加重，对现实的否定就会引起对未来的绝望和悲观。

抑郁时感觉事情都毫无希望可言，抑郁是绝望的直接诱因，这就是所谓的情绪化推理。这时候，对未来的任何一个预测都是在绝望这种"高烧"的状态下，由情绪得出的结论，和真实的情况关系不大。以情绪为主导时，负面情绪自然会带来对未来的迷茫和悲观。其实谁都不知道未来会怎样，情感也是如此，它不可能去主导人们的未来。就算是一个乐观的人，他也无法因为现在幸福就用快乐的情绪去推导未来多少年自己都是幸福的。这样的人是过于乐观的人。悲观同样如此。未来是不明确的，有起伏、有成功，也可能有失败，谁都会经历自己所未知的事情，别轻易就在此刻下结论，何况还是用情绪来给未来定论，听起来就很荒谬，无论预测的结果是美好还是悲观，都不可靠。

心理学家发现，大多数抑郁的患者都有过绝望的感觉，而且这种感觉还不轻。有人针对这个现象使用了一个很极端的治疗方式，让他们预测自己将一直被抑郁的情绪给包围着，这样的结果就是他们再也不会感到幸福和开心。去证明一个极端错误的观点显然难度不大，只要找出一部分反例就可以证明他们的观点有多么的荒谬。这样做的话，绝望者的绝望观念就可以由自己从扭曲的状态中重新转回到正常的轨道上来。

改变的方法二：别将绝望作为放弃的借口

　　绝望是消极思维的一种。受过伤害，在挫折中遭遇痛苦的人，好像有个声音在告诉自己，继续做出什么样的努力都是徒劳无功了，再没有什么可以挽救自己的困境了，未来因此毫无生气可言。令人惊讶的是，自己居然听从了这个不知从哪来的声音，果断地放弃了努力。放弃过后的自己觉得这样就可以减少挫折和困难所带来的损失，所以，那份坚持、那些努力都成了过眼云烟，无法燃起对未来的希望。

　　绝望的人有个坏毛病，身陷绝望中的他们绝对不相信人对于希望的任何观点。只要有人提醒他们事实还没到那么绝望的境地，他们就会因此发火，他们会认为没有人可以了解自己到底经历了什么，那种痛苦只有自己明白，那份绝望也只有自己能感受到。那些劝导的人没有经历过这样的处境，又怎么能深刻地、设身处地地去体会自己的伤痛呢？有这种毛病的人，独自一人孤独、悔恨地生活。即便没有当面对他人发火、拒绝他人的帮助，他们的内心也是孤独的，他们始终不认为有人可以体会到事情已经恶化到了什么程度。在他们看来，他人的鼓励只不过是一种安慰的手段，没有什么实质性的意义；那些人一再鼓励自己尝试新的冒险，燃起对未来的希望，都只是在安慰自己。他们眼里的事实已经无可挽回，怎么还会去相信这些话语，如果再继续下去，他们只会觉得自己还是会失败，还是会遭遇相同的痛苦，而此刻他们需要好好地冷静和反思。可实际上，他们所谓的反思，不过是去依赖绝望来暂时安抚一下自己罢了。

他们认为绝望是他们唯一的救命稻草，绝望可以暂时平静一下心情，但最后的结果是否如此呢？来做个实验，就一切真相大白了。让已经绝望的人写出自己从绝望当中获得了什么，又失去了什么；然后检查一下，自己到底都写了什么。

绝望真的帮到自己了吗？看看自己写的，就会知道它不但没有帮到自己，反而只会打败自己。建议放弃这种所谓的绝望防御，它所防御的不是坏事，而是把自己最后一道免疫彻底摧垮。

改变的方法三： 排除不合理的绝望理由

问绝望的人绝望的理由是什么，答案五花八门，而且每个听起来都是理直气壮、颇有道理的。既然这样，不妨把所有的理由都记录下来，逐一来思考是不是都是合理的。

这些理由最主要的，就是对自己感到不满，个人身上有诸多的缺陷，没人愿意和自己交往，所以前程才变得非常暗淡。绝望中的人觉得只有完美的人才会有美好的前程，而满身缺陷的自己是和美好的未来无缘的。事实是这样吗？肯定不是，这世界上本身就没有完美的人存在，但每个人都要创造自己的未来，如果说不完美的人就没有未来的话，那就说明这个世界上所有人的前程都是一片黯淡，毫无希望！这太不可思议了，太不符合事实了。

另外，理由当中还有一部分是认为自己永远都成不了富翁或者是永远出不了名的。凡事都没有绝对性，这个观点谁都知道不现实。还有一点，就算成不了富豪或者是出不了名，也和绝望之间没有必然的联系，又何必去因为这个而绝望呢！不是谁都可以拥有名利，但是谁都可以有幸福。世上大多的人生活得很幸福，但是他们可能既不富有也没有名气，这就说明了二者的本质联系是自己生硬地加上去的。

绝望的现在等于绝望的未来，这是一个简单的推理，不切实际，至于缘由，上文已经提到过了，情绪推理法的不合理之处在这里就不再赘述了。没有谁会永远抑郁或绝望，如果真是这样，那么有一天若是有意想不到的事情发生，这又作何解释。

改变的方法四：以绝望预言未来是不合理的

失去对未来的希望，其实是一个对自我实现的预言，宣告自己再也不去努力，再也不采取任何积极的行动去完成未来的自我实现，不去尝试一切能让自己好转的行为。未来的自己只依赖绝望，不会去投入任何时间和精力来做任何努力。绝望构筑了未来的底座，绝望的结局就很可能"梦想成真"。

做个试验，如果做了以下两件事情的话，会有什么样的结果？第一，自己怀疑自己绝望的理由是否合理；第二，假如自己采取行动来抵抗自己的绝望，情况会变成什么样子？对绝望的理由产生怀疑，说明自己对未来还并不完全确定，不确定自己是不是可以得到幸福，不确定自己能不能获得真爱，不确定自己的工作是否会让自己满意等。其实完全没有必要，任何人都不是预言家，准确预测未来谁都做不到。所以，绝望的那些理由本身就不成立，绝望是没必要的。所以大胆去挑战自己的绝望，此时开启的一扇小门可以帮助自己打开一扇通往未来的大门。

假使你可以通过行动让自己不再绝望的话，你会不会开始向积极的方向发展呢？会不会试着去做一些自己从来没规划过的事情呢？设想一下，那些从绝望中走出来的人，他们改变自己从前的做事风格，会是什么样子？绝望的人总认为自己是找不到情投意合的人的，试着告诉自己事情并非如此，未来会有个意中人在等待自己，那现在该做些什么？有心理学家试验发现，如果绝望者改变了自己的想法，他们对生活的感觉就会有很大的改观，而且对自己的感觉也好了不少，他们似乎不再只针对问题本身去思考那些不确定的结果，而是把思维发散到很多地方，他们也会以一种更为积极、更为主动的方式去解决它。

把绝望束之高阁，让一切都表现得像充满希望一样，你会发现自己的感觉就会好多了。

改变的方法五：问问自己竭尽所能了吗

有多少人走不出绝望，是他们没有竭尽全力去挽救吗？并不是！他们往往只做了一些努力，但一旦看不到结果，就会毫不犹豫地放弃。这就是大多数人的做法，他们没有很坚定的信念去坚持自己，于是在走出绝望这件事情上，他们的做法依旧浅尝辄止，不肯付出太多，宁愿相信自己在绝望中可以得到精神上的安抚。

谁能断定一件事一定没有希望了？谁敢说自己可以穷尽一切办法去证实过已经没有希望了呢？当然不能，世界上的问题解决方案各异，谁都不敢拍着胸脯说自己已穷尽一切。在对未来表示绝望前，先问问自己的心，是不是各种方法都尝试了。只要还有一种方法还没有尝试过，这种绝望就不是真实的判定结果。一句话，凡事都还大有希望。

绝望在很多时候，会因为人的观念的转变，一下子变成希望，这样的例子还真不罕见。一个在精神病院进进出出多年的人，试过很多种治疗方案，看过治疗师，吃过很多种药，家人也给予了他良好的支持，但多年以来他的病情仍然没有好转。结果再次检查以后，发现他患的并不是从前医院确诊的那种病。这么多年来，他被误诊了，还没有下对药。但他没有因此感到绝望，而是坚持说服医生自己此前的治疗之所以没有起色，是因为没有对症下药。最终医生在他坚持不懈地劝说下，换了新的治疗方案，根据他的病情需求进行治疗。几个疗程过后，他的病有了很大的起色。他之所以还有这样的意志去对待自己的疾病，就因为一句话——没有试到最后一种办法，希望都仍然存在。

事情还没到最后，不要说已经没有希望了，也许此前试过的全部方法都失败了，但也说明接下来的方法成功率更高，请务必竭尽所能，多尝试一种办法，就会多一分希望。

改变的方法六：及时查验自己是否处于绝望状态

生活中，当一股不良的情绪开始影响自己时，就要赶紧问自己："你感到绝望了吗？你要放弃了吗？"观察一下，这一刻自己在做什么，自己思维的走向是什么，还是觉察到了什么。这些都很重要，了解了这些才会懂得自己是不是真的开始感到绝望。试着去做一些练习，问问自己在这些练习中感受到了什么。比如自己一个人在房间里读一本书，当读到某一页时，此时此刻自己在想些什么呢？怎么知晓自己究竟在想什么？首先必须把注意力集中在某一件事上，比如呼吸。注意自己在一呼一吸之中气流的流进和流出，仿佛自己是第三者在观察自己的呼吸。不要刻意去做什么，也不用判断，只要简单地注意它的呼气和吸气。保持这种状态几分钟，即使大脑有别的杂念进来，也随它去，慢慢地把注意力再调整回来。经过这样的一段时间练习之后，你就会发现自己慢慢地可以控制自己的情绪。

时间在慢慢流逝，但是每一刻都是新的此刻，每一个此刻都有此刻的自己。生活在此刻的自己可以去经历、聆听、感知和品味，会发现那些生机勃勃的东西，同时也让自己感到有了某种陌生的生气。抛开所有和此刻没有关系的念头，让未来暂时从思维中走开，不要去做任何判断。于是，绝望就这么消失了。

此时此刻没有绝望，因为未来已经被自己暂时送出门外。但是即便是未来来到了也不该有绝望。未来的每一刻都是必须去经历的此刻，现在会成为过去，未来会成为现在，既然每一刻的现在和此刻都不该有绝望，可以去体会当下的美，那么哪里还有绝望的未来呢？可惜，很多人没有明白这样的道理，不停地感到绝望，谈论绝望。事实上，从另一个层面来分析，能够与人谈论自己绝望的人，本身还是有一丝希望存在的，否则他们只会躲在自己的空间里，与绝望为伍，不再做任何事情。那么有这种期待，就不要只是灰心丧气，一定要相信即使只有一点点的希望也可以化解所有的绝望。从当下开始，从行动开始，希望是可以到来的。当下是最真实的，尽管它稍纵即逝，但未来是不可预测的，只有经历一个又一个的此刻后才会有成效，那么又何必强求自己去预测未知的世界呢？好好地享受这一个个"此刻"不是比什么都美好吗？积极地去体验当下吧，过好当下一个又一个的日子，就会有所回报。

改变的方法七：改变什么才能让自己更舒适些

生活得自在舒适，是很多人的追求，但对未来不知所措乃至绝望的时候，自在舒适的生活理想就会变得异常遥远。绝望的时候不代表就不希望生活可以过得舒适一些，可能此时此刻的自己更期待一种舒适的生活，只是苦于找不到合适的办法。很显然，绝望的时候要生活得舒适一些，只有一个办法，就是改变自己，改变自己的状态，从一个极端走出来，不过也需要防止走向另一个极端。

就如心灵地图，它的存在可以给人们提供指引和规划的依据。从人生的一个地方到另一个地方，人们可以根据心灵地图的指引，去计划路线，然后依据自己的计划路线行进。同样的，改变自己，也可以参考自己的地图。只是原来陷入困顿中的地图首先要进行一定的修订才行。给自己一个目的地，再明确自己从哪里出发，规划一条适合自己的道路，开始去寻找舒适生活的旅程，无论是健康、工作还是学习，只要自己想要达到什么目标，都可以用"地图法"来实现。

改变要从改变自己原来的毛病开始，前面提到的绝望者就是要改变的对象。因为自己的问题去责怪他人，这种做法是不对的，不仅会让他人感到厌烦，也缓解不了自己的怒气。从深层次来讲，对他人求全责备来源于自己的不确定，无助的自己总会对他人的建议感到绝望，总会对其他人乱发脾气。认识到自己的这种方式并不能换来更理想的结果以后，才能彻底改变这个毛病，学会承担责任。有些事情找到自己的责任也就找到了安全感，曾经认为无望的事情也会发现其他可能的方法去解决。没有了这些缺点和毛病，绝望也就不存在了。

生活是依靠希望在创造美好，倘若自行已经认定了"一切都没有希望"，那就不可能获得自己所期待的生活。世上的事情怎么可能一点儿希望都没有？那不过是在自欺欺人，在配合自己的抑郁情绪和绝望主张而感觉到的错误讯息，扭曲了真实情形。既然生活中有那么多的希望，改变自己的生活，使它变得更舒心就有了可能，而这个可能的重心就是自己。

改变的方法八：靠实际行动来克服

抵抗绝望不是只停留在嘴皮子上，而是要靠实际行动来实施的。绝望中的人会放弃一切行动，因为缺乏动力，缺乏对未来的信心。只有走出绝望的人，对未来充满了信念和理想，才会有所行动。因此，行动起来去拒绝绝望吧！

心理学家在对绝望患者的研究过程中发现，绝望患者的治疗无论是对治疗者而言还是对患者而言都是一个非常痛苦的过程，也是一段让人容易灰心丧气的过程。绝望者拒绝一切，只会抱怨身边的环境和身边的人；几乎听不进任何的劝导，他只相信自己所"看到"的绝望而惨淡的未来；拒绝任何人的帮助，他认为没有人能理解他的痛苦；为每一句话和每一件事情感到无比抑郁，他的负面情绪甚至影响到了心理学家，他屡屡拒绝他人说的话，这本身就使想要帮助他的人感到泄气。他们本身没有一点自助的念头和行为，这的确给治疗带来很大的压力和挑战。

要帮助他们，就要先激起他们行动的欲望。而真正能激起他们行动欲望的人也只有他们自己，谁都帮不了这个忙，他们必须自己感到行动的必要性，才会摆脱原来的抑郁。但在治疗的最初阶段，心理学家的办法是安排一些事情让他们去做。主动性的举动很难达到，那就只能先考虑用一些被动的压力方式。当然，这时候所安排的事情还都只是一些比较简单的，不容易引起心理情绪剧烈波动的事情。经过两周的安排以后，心理学家观察他们的变化，发现果然事情有所改观。随后，心理学家开始挑战绝望者的自责思维，也一样从行动开始。他们必须向自己经常抱怨的人道歉，而且每天都有固定的目标，必须对某些人友好相待，让他人感到自己的真诚和价值。慢慢的，这些人的状态开始向好的方向发展。再后来，绝望的患者就可以自行地安排很多活动，让自己看起来更友善、更乐观。很显然，无论是什么活动，只要是积极的，哪怕是他人安排的，都可以战胜绝望。

行动中的自己会变得比从前更积极、更可爱，用这种方式去发现自己身上可爱的特质吧，战胜绝望只是时间的问题。

第六章 ╱ 人际的焦虑：融入而不附庸

从心理学的层面上说，人都需要被认可。别人的认可，能让我们感受到自己存在的价值。朋友的理解和关心，能够增强我们的自信，相信我们的感情也是有意义的，我们的存在不是孤单的，我们所经历的事情也都不是不公平的。想要获得他人的帮助，就请先树立起表达欲望，让朋友知道有必要去帮助我们；还要学会认同他人，要知道认同别人是自己被认同的前提。

改变的方法一：别把坏情绪传染给他人

很多性格有些抑郁的人，人际关系方面也有不少问题存在，例如离群索居，交友障碍，等等。这二者的关系十分明确：一方面，人际关系的矛盾本身就会导致抑郁。某些人与人关系上的失败，尤其是婚姻关系，会在各个不同方面造成较大影响，因为失去了与最亲密伴侣分享的机会，人就会开始封闭自己，不愿意与他人交流，连经济状况也会每况愈下等，这些都极可能成为抑郁的诱因；另一方面，抑郁也同样会给人际关系带来负面影响。有抑郁症状的人，不喜欢和身边的人一起去参加集体活动，总喜欢一个人躲着大家。抑郁的情绪阻隔了自己和大家的联络，这无疑会对人际关系产生不良的影响，孤立自己久了就会被所有人孤立。

　　或许有抑郁症状的人没有意识到，抑郁的时候更需要有人关心自己，更需要去依赖朋友的帮助。朋友在身边的时候，自己才会尽情发泄，他们会提供比平常多好几倍的安慰和肯定。不过，抑郁的自己同时也会认为，尽管需要朋友对自己伸出援手，但是这么一来他们也会被自己带入抑郁的环境中，以至很难去应对现在的问题。他们总是在这样两难的境地里徘徊，一方面不想被孤立，想有朋友相伴解决抑郁问题，另一方面又害怕因此成为他人的负担。这是个多么令人沮丧的想法啊！实际情况的确如此，自己向朋友去抱怨的时候，会不经意把朋友也带进低落情绪中，想想自己是不是曾经对朋友做过下面这些"让人沮丧"的事情。

　　（1）一直强调自己感觉很糟糕。

　　（2）抱怨自己无尽的痛苦。

　　（3）埋怨世事不公。

　　（4）表现出自己的消极状态。

　　（5）要求一遍又一遍的确认。

　　（6）排斥他人的安慰。

　　（7）不回电话或者电子邮件。

　　（8）取消和朋友聚会的计划。

　　（9）不会先去主动联系他人。

　　（10）不主动询问朋友的近况。

　　（11）不赞美他人。

　　（12）板起面孔，不愿与人交往。

　　如果上面这些自己都做过或者大多数做过，那么说明自己确实在抑郁时给朋友带来了不良的情绪影响。这并不奇怪，大家都是人，在发泄情绪时难免要干这些事情。人与人之间的情感需求都是相互的，自己需要朋友，朋友也同样需要自己。记住，在努力让自己的情绪变好时，建议别把朋友的情绪带差了，同样，自己的情绪不好时，尽量别把坏情绪带给朋友。这样自己和朋友之间的关系才更加阳光。

改变的方法二：不与自己为敌

抑郁的人常常把自己视为自己的敌人，有的是因为自己确实把自己当成了对立面，有的是出于让朋友消除疑虑的考虑。但不管是哪一种情形，他们的这种做法都很打击自我。没有人是自己的敌人，原因在于没有人是绝对的失败者。失败了一两回，说明不了问题，尽力去让自己的情况好转，就可以转变自己失败者的身份。把自己当成自己的敌人是改变不了什么的，只会让情形更加恶化。朋友们是不会因为你失败一次就离开的，只会因为看到你屡次在他们面前一蹶不振而忧心。对于情绪而言，发泄是对朋友信任的一种表现，但是在朋友面前把自己塑造成"笨蛋"的模样，那就是给自己贴上了错误的标签，不代表真实的自己，更别提是忠于自己的思想了。这对自己是没有帮助的。

不能把自己看成自己的死敌，那么反过来就应该将自己视为挚友。通常来说，没人会去诋毁自己的挚友，反而会在对方缺乏动力的时候伸出援手，尽自己所能去提供帮助和支持，那么把自己当成自己的挚友，也会有相似的效用。自己是自己的挚友，自己可以帮助自己，自己不会去否定自己，这种有自救精神的人，朋友又怎么会袖手旁观？

否定自己的人还有一个典型的表现就是干脆隔绝自己，把自己从朋友群中孤立出来。他们会千方百计地暗示自己是个让人感到沮丧的人，而不是考虑是否通过朋友来度过自己的低潮期。心理学家针对这种表现，就会安排这些把自己视为敌人的抑郁患者去参加一些朋友聚会，做一些有趣的事情，发起正面接触。这种治疗方案是一举两得的好办法，一方面可以减少他们对自己负面情绪的关注；另一方面这些有趣的活动可以实质性地改善他们的情绪。

有一些抑郁的人愿意选择和朋友在一起，但也要小心他们时常会在抱怨自己的情况多么糟糕后拒绝来自朋友的建议。对于真诚提供帮助的朋友来说，这无疑是个很大的打击，朋友会因此放弃提供帮助，这只会加重患者的抑郁情绪和孤独感。心理学家也提出了相应的治疗方案——"尊重建议"，就是让抑郁患者在难以听从他人建议的时候，也表现出尊重他人。尊重他人提出的意见，这才不会打击朋友的热情，并愿意下一次再次提供帮助和支持。

改变的方法三：小心跌入"认可陷阱"

谁都希望被人理解，这是人之常情。朋友是除了家人以外最亲近自己的人，得到他们的支持和认同，当然是人们最愿意看到的。自己被他人认可，主要表现为他人时时关心自己，了解自己的难处后，会毫不犹豫地伸出双手，而且他们的帮助总是自己情况好转的关键因素之一。被认可是自己能够自由表达的前提之一，人因此会感觉不再孤立无援，产生对心灵的积极影响。有朋友的关心和理解，就会感觉到自己的意义，了解到朋友也同自己有相同的遭遇后，就会明白理解的必要性，会参照朋友的经历给自己找到解决问题的方法。另外，人的表达和被认可是相互影响的，表达要有认可作为前提，认可是需要表达来实现的。任何一个人都有表达的欲望和被认可的需要。

要在生活中牢记这一点，千万别跌入"认可陷阱"。一再地抱怨自己的境遇有多糟糕，却拒绝来自朋友的安慰和肯定，这么做注定会失去朋友。而要试图获得朋友的认可，就要避免出现以下几种情况，它们的背后都藏着很大的"认可陷阱"。

（1）企图让自己的抱怨升级。有人怕朋友理解不了自己的痛苦，总是在抱怨自己的境遇时，试图把抱怨升级，来达到真正说服朋友的目的。这么做实在太可怕了。不得不在这里告诉大家，增强抱怨的极端性以获取认可的做法，可能会事倍功半，反倒会使朋友对自己产生信任危机。

（2）过分苛求他人的理解和认可。向朋友诉说自己糟糕的境遇时，不需要事无巨细地都对他们说，以求得他们的理解和关心。这种做法是把自己心中所有的抱怨一股脑儿地都送达朋友。试想，如果是自己的朋友如此，自己会有何感想？这些鸡毛蒜皮的琐事会侵占朋友生活里的大部分时间，以至没有办法去应付自己的事情。

从上面的两种方式来看，摆脱"认可陷阱"是十分必要的。首先，针对第一种方式，需要问自己这样一个问题：抱怨升级是不是真的会让自己如愿呢？是不是每次这么做其实都达不到自己想要的效果？其次，还要问自己：自己对他人认可自己的期望是不是太高了？他们有没有必要去了解每一件事的细节？如果不知道的话，他们是不是也可能帮自己把事情处理好，也能够很好地认同自己呢？思考完这些问题，就会明白正确地获得朋友的认可究竟该怎样做。

"认可陷阱"的问题已经解决了，接下来就是要避免陷入"受害者陷阱"。什么是"受害者陷阱"呢？常常有人会发现，当自己在对他人表达时，他人一旦表现出热情不高时，自己就会很受伤，更无法忍受其他人的冷漠，认为这是他人对自己的不公等，这就是典型的"伤害收集者"的表现，这时你已经落入了"受害者陷阱"。落入这一陷阱的人，片面地用消极的眼光去看待一切事物和人，他们在揣摩他人言语和想法时，更关注自己的自卑感受。这样一来，就感觉周围的人都在冷落和羞辱他们，感觉被孤立，被抛弃。他们希望自己的声音被他人听到，总是大声地诉说，可是他们的诉说中怨气十足，还对朋友的帮助提出拒绝。这怎么能得到朋友的理解和支持呢？抑郁的人自然就更加抑郁了。

小心这两个"陷阱"拦住了自己得到他人认可的道路。

改变的方法四：获得需要的理解和支持

前面提到了，要得到朋友的帮助和认可，自己就不能陷入那两个"认可陷阱"，这样对自己是不利的，只会把朋友吓跑。找一些合理的方式去向自己的朋友们寻求帮助吧。下面给大家一些简单且富有建设性的措施，不妨试试看。

（1）直接求助法。直接向朋友表达自己的需要，告诉他自己需要的可能是一小段陪伴的时间。切记，使用直接求助法需要对要求进行限制，比如，你可以要求朋友陪自己一个小时，却不能要求朋友一整天陪伴你，这不合情理。

（2）间接求助法。间接求助法与直接求助法的区别在于，间接求助法并没有提出具体的要求，而是在表述自己也在探索解决方案的同时，提出自己的问题和要求。这种方式显得更隐性一些，它所传递出去的信息不仅仅是寻求帮助，更重要的是自己也在积极自助。朋友接收到这样的信息后，就会开始关心向他们求助的人是否能够自救成功，于是他们就会提供他们自己力所能及的帮助。这种方法要远比前者智慧得多，求助者不是完全依赖他人，但又可以获得他人的帮助。

使用以上两种方法，一般来说就可以获得自己所需的支持了。但一定要记得，人和人之间的关系是相互的，要得到他人的支持也必须学会认可给予自己认可的人。所以，在向他人求助时，要会把和他人倾诉痛苦和不成为他人痛苦这两点结合起来，在这两个看起来矛盾的点中间找到平衡点。这个做起来也不容易。首先，在谈论自己的痛苦时态度要和缓，但又要把自己的痛苦充分地表达出来，还要表现出自己十分珍视对方的支持和帮助。不要不顾一切地开始叙述自己的痛苦，人和人的交流不是单向的，这样做的话，怕是得不到自己想要的帮助和支持。其次，可以尝试轮流"发言"。在对他人倾诉的同时，也要给他人留出足够的时间，听听对方的表达。轮流"发言"有助于自己了解他人的想法，还可以暂时把自己的注意力转移到其他的事情上，体现出关心他人、支持他人的一面。

不知道大家有没有注意到，很多时候朋友之间轮流吐苦水的机会很多，无休止地抱怨，到头来却无话可说。其实，可以尝试用一种积极的态度去面对对方，比如讨论一些自己正在从事的积极的事情，既可以帮助自己，也可以帮助对方。彼此听起来都是很积极向上的，很快乐的生活，都会从中获得莫大的鼓舞，何乐而不为呢？

还有一点需要注意的，朋友和朋友之间的交谈，要把关注点从描述问题上转移到描述解决方案上来。描述问题的目的是为了去解决问题。有一部分人喜欢在问题上打转，用大量的篇幅描述自己遇到了什么样的问题。这是无意义的做法，因为长时间地描述问题无助于解决问题，反倒会让朋友感觉很糟糕。必须对朋友用一种试图解决问题的口吻，进行问题的描述。朋友从中听出了解决问题的期望，自然会给予自己应有的帮助。

获得朋友的支持，需要做的事情不少，一件一件试着来吧，真诚地去寻求他人的帮助，一切难题都会迎刃而解的。

改变的方法五：成为团体中的一分子

现代生活越来越少的人青睐社团交往，不论是俱乐部、联合会，还是其他一些形式的社团活动，参加的人都在不断锐减。现代人的相互联系减少，缺乏与他人之间的交流，彼此相互孤立，于是在孤独中自己的抑郁情绪有增无减。心理学家认为，人是群居动物，现代人需要参加社团活动，加强与他人的交流。社团组织的优势就在于它是长期存在的，参与其中的人总会找到自己喜欢干的事情，总会找到与自己志同道合的人，总会发现一些与自己兴趣相同、并有相同价值观的人；社团活动可以让你和你喜欢的朋友一起干很多你喜欢干的事情，情绪就会从消沉变为高涨，从孤立中走出的人再也不会有孤单抑郁的阴影。

成为大团体中的一分子，按上面所说的那种方式去安排自己的生活，会增加自己的生活满意度。此外，增强满意还有一个做法，就是帮助他人满意自己的生活。孤立的人对自己的生活不满意，也没有能力去让别人满意自己的生活。而参与到任何一个社团组织中，可以帮助自己建立一个大于自我的世界，包含了众多的朋友。通过一系列的活动，帮助到身边需要帮助的朋友，让他们满意各自的生活，自己也会愉悦很多。

帮助别人的过程中，你会发现自己对于他人的价值——即便是对于一个陌生人而言。人都是有依赖性的，这是人之所以为人的重要特质。合理地处理朋友之间的关系，既可以对朋友产生价值，也能在自助的时候寻求他人的帮助。

在情绪低落时，别去隔绝自己，试着融入一个大的集体，汲取集体的温暖和能量。

改变的方法六：懂得给予与接受

如果问周围的人这样一个问题：愿不愿意帮助那些需要帮助的人？相信几乎所有人的答案都会是愿意。但值得注意的是，不少人会在这个愿意后面加上许多所谓的"前提条件"，大多数人表示在帮助他人之前，必须确定自己的问题已经得到解决了。他们会理直气壮地说，如果自己都顾不上了，又怎么去帮助他人？只有自己得到了帮助，解决了问题，才有闲暇去帮助他人。事实并非如此，如果此时先放下自己的事情，去帮助他人，也可能会有想象不到的事情发生的。接受他人帮助，解决掉自己的问题感觉自然不错，但给予他人的感觉有的时候也不差啊！懂得给予也会给人一种精神愉悦的体验。

很多人不明白这个道理，总觉得付出和得到是两件风马牛不相及的事情，或者说二者是有前后关系的，先得到才能付出。其实不然，在付出和给予的过程中，自己也在得到，就好比老师给学生上课，老师在讲授知识的同时也是另一种层面上的学习。

通常情况下的给予是有很多种方式的，大的可以是慈善捐款、志愿服务，小的可以只是帮邻居清理一下家门口的垃圾，可以给流浪汉买个包子，等等。这都是在帮助自身以外的人做件事，就是给予和付出。给予和付出本身是不论事件大小的，只要伸出手，达到帮助对方的目的，那么就是做到了。因此，给予可以从身边做起，从现在做起。

很多时候，当自己身陷困境时，自己的注意力一般都集中在自己的麻烦上，在困境中希望有人伸手帮助解决自己的问题，却很少去思考周围到底发生了什么。正常人遇到麻烦的时候这么想在意料之中，也没什么大错，谁遇到棘手的事儿，都是希望先解决眼前的问题，只不过，一味地向别人索取，而不考虑去帮助别人的话，那自己和他人的能量流动就会失衡，将来还会不会有人愿意帮助自己就很难说了。但如果给予他人时总想着他人给予相应的回答，这给予的动机显然就不够单纯了。给予他人要从爱本身出发，出于真诚地帮助而帮助他人，他人才会回报得更多，而那些一门心思算计自己的付出得失的人，同样得不到他人真诚的回馈。

给予和接受像是一对双胞胎，光会给予他人还不够，还要懂得接受，合理有度的接受和给予一样都可能大大改变生活的状态。经常听到有人很客气地对帮助他的人说："哦，你不需要这么做……"或者"为什么要这么做啊？"这看似很谦恭的几句话，但实际上并不妥当。大家可以回忆一下自己帮助他人的过程，前面已经提过了，给予会让人愉悦。所以，也别去拒绝接受，要想想他人在同样的过程中也会获得快乐，拒绝他人的帮助就等于剥夺了他人快乐的机会。何必呢？放松心情，敞开胸怀去接受他人的回馈吧。千万不要心存愧疚，因为这本身并不存在罪恶或是亏欠，或是觉得自己一定要给对方点什么。只要大方地去接受，双方都会感觉良好，对方甚至会有快乐的体验，而这本身就是很好的回馈了，不是吗？

"感动中国"中的信义兄弟孙东林和孙水林用他们的实际行动充分说明了给予和接受的真谛。哥哥孙水林在年前赶着回去给农民工发工钱，结果不幸遭遇车祸去世，留下了数十万元的工资欠款。弟弟孙东林得知后，忍着失去哥哥的悲痛，在大年三十前一天，多方凑钱凑齐了30多万元的款项，完成了哥哥的遗愿，一笔一笔地把工资发到农民工手中。这对兄弟的举动更多地体现了诚信为上，但细细琢磨就会发现，两兄弟的做法实际上也是一种给予。弟弟孙东林在失去亲人这个最困难的时期，最先想到的不是如何让自己走出悲伤的情绪，而是先想到了给予，在这最寒冷的冬天给予他人一股暖流，而他从中所收获确是诚信的口碑，那是无法用金钱去衡量的。另外，在这场诚信接力中，弟弟完成了哥哥的遗愿，告慰了哥哥的在天之灵，悲伤也被某种执着的信仰冲淡了。给予和接受有时候就是这么简单，不一定要像孙东林一样承受失去哥哥的痛苦再去给予，才能体会到他人的回馈，身边的小事有时候也能起到相似的作用。比如为辛苦工作的家人准备一顿丰盛的晚餐，或是走上街头做做义工，等等，给予没有大小之分，只在于愿意不愿意给予。

给予，不论什么时间、什么地点，不论是否自己已经得到，不论自己是否已经走出困境，都可以给予。从善意出发，不抱着只图他人回报的想法去给予，有时候，还会有很惊人的奇迹发生呢！

改变的方法七：一切从爱出发

生活节奏的加快，让大家习惯了在短时间内给每一件事下定论，或是做出决定，似乎还没有搞清楚事情是不是如自己想的那样，只是凭借着某些经验或是感受就摆平了。事后，又有许多人冷静下来难免抱怨和无奈。这就是浮躁的表现，事实上，只要记住一条原则，生活就会少了许多的不快乐。这条原则很简单，只有四个字——从爱出发。无论遭遇什么事情，都要告诉自己，平和对待一切，去接受和包容它的结果，只要自己所做的一切都是从爱出发。

从爱出发的基础是爱别人。爱周围的家人、朋友，虽说是一件很美妙的事情，但并不那么容易就能做到，它需要人们无论遇到多大多小的事情都首先能够保持心态平静，戒骄戒躁，然后才有可能通过大量的练习以达到最终爱他人的目标。爱别人，这种爱的作用是双向的，它可以改变自身的能量，还能对身边人的能量辐射也做一定的调整，爱是积极向上的，那么彼此的能量流动便是积极的。所以爱的能量流动要远比恨的能量流动来得健康许多，谁的内心建设靠的都应该是爱的力量。那么就请大家记住，别总是深究他人的动机、举动的真正目的和实质，想多了，就会因为一件小小的事情而让自己不开心，便从此对朋友心生芥蒂，不假思索地怨恨起来。保持平和，从容对待他人的一举一动，怨恨便会少很多。

从爱出发的目的在于让生活充满无条件的爱，无论是自己的生活还是身边周围人的生活，最重要的是要在人生困境中充满无条件的爱。无条件的爱，就是上文已经提到过的，无论身处怎样的情景下，都要坦然接受，只要一切从爱出发。每一刻都生活在无条件的爱中的人，心中必定是盈满了爱，他会敞开胸怀，吸收来自其他地方的爱。很多伟大的科学家、哲学家和心理学家，他们的心灵大多都有很强的包容度，充满着爱去面对整个世界，兴许这些爱不如电影、小说里的男女情爱那样来得惊心动魄，但在生活中，这种爱化作了微小的粒子散布在空气中，生活中的他们就呼吸着这些幸福的粒子，走出困境，心情舒畅，生活幸福。而且这种无条件的爱，还是一种不求回报的爱，所以也可以称之为"无理由的爱"。而上述那些科学家、哲学家等的生活状态就可以被称作"无理由的爱"的状态。

了解了他们的"无理由的爱"的状态，很多人一定会很羡慕，一定想知道什么样的人才会达到这样的状态。据学者研究结果表明，尽管他们都工作生活在不同的领域，性格也迥异，但这一类人在个性上都有一定相似的特质，就是这些特质给他们带来了"无理由的爱"。因此，了解这些关键的特质，有助于人们培养"无理由的爱"，帮助自己走出困境，也让生活充满无条件的爱。

（1）放松自己，保持安全感。生活、工作压力增大时，安全感容易缺失，此时的自己会很快觉察不到爱的存在。要想重新感受爱，放松自己是第一步，可以用深呼吸的办法，释放适当的压力后，安全感回归，那么爱的体验就会重新来到。

（2）感受支持。一个人一生中能做出的最重要的决定，就是判定这个人是否生活在一个友好的环境，以及他是否相信这个环境一直在支持自己的重要标准。生活遇到挫折时，可以好好审视一下身边那些支持自己的人和物，再扪心自问，自己做这些事究竟是为了什么。有了肯定的答案以后，负面的情绪就会被释放掉了。

（3）体会自我感受。一个人的情绪表达应当适度，过分压制情绪和过度表达情绪对身心健康同样不利。当然，情绪除了可以用来表达外，体会自我的情绪也是一种释放情绪的好方式。人生遇到逆境时，好好地去体会一下自我情绪，不良情绪就会慢慢地被释放了。

（4）学会爱自己。从爱出发的基础是爱别人，前面已经说过，要会爱别人，首先要会爱自己。照顾好自己，常常问问自己：自己能为自己做什么？然后依照答案去做，顺从自己的意思给予自己，自然而然地照顾他人，爱他人也就不那么难了。

（5）释放宽恕的力量。爱，其实换一个角度看，也是一种宽恕。人要是一直沉溺于愤怒和怨恨的情绪中的话，无疑是在扼杀自己爱的能力。所以，对于过往，对于现在都不必纠结，一旦心里的天平失衡了，就好好地安静一会儿，对自己说："对不起，请原谅我，我爱你。"用这些话语来释放宽恕的力量，淡忘过往的不愉快，为曾经的错误负起责任，那么生活中的爱也会开始增加。

（6）让爱住进心里。爱不仅是要自己心中有爱，接受别人的爱也是另一种很重要的爱的行为。它可以从外部帮助打开自己的心灵，让心灵不再闭塞，吸纳不同的爱。

（7）要有一颗感恩的心。感恩，是爱的前导，有了感恩，才会对世界充满爱。生活中，如何感恩，关键在于是否有心去记录和品味自己所得到的一切。用一个最简单的方式就能学会感恩，每天睡觉前，请记下自己这一天来做过的最值得感恩的五件事，随后安然入睡，第二天就会明白世界果然充满了爱。

（8）使用爱的语言。语言是心灵最直接最外化的表达。一个心里驻扎着爱的人，语言的积极力量也会直达对方的心底最深处。因此，用语言去表达无条件的爱，使用爱的语言，散发出爱的频率。

（9）聆听言外之意。别总是对对方的话轻易下定论，因为大多数时候人们只是知其然，而不知其所以然。谈话过程中，如果真要读懂对方的所思所想，就别光听对方说了什么，对方的话当中蕴含的真实感受才是最重要的信息。不去聆听这言外之意，人会莫名的恐惧，只有听懂了言外之意，恐惧自然会消失，两人之间没有了隔阂，彼此就可以由衷地感受到对方的爱了。

（10）给自己的心灵充电。爱从心出发，所以要常常给经历各种顺境逆境的内心充充电。只有一颗饱满的内心，才会最大限度地释放出爱的能量，让人生充满无条件的爱。

具有了以上这10条简单有力的特质，日常生活中的无条件的爱就会源源不断地向自己涌来。

第七章 / 现实的焦虑：和解而不逃避

忙忙碌碌的生活中，焦虑在所难免，平静一下自己的心灵，仔细去聆听自己内心的呼唤，可以减少一些对现实的焦虑。可是，现实忙碌的生活又扼杀了大多数人这么做的可能，以致很多人都对焦虑无奈，无法跳出自己设下的圈套，听从自己的声音。严重的自我压抑，其实就是焦虑的根源。学会静下心来，细细品味自己，慢慢地，焦虑就会一点点减少。

改变的方法一：清楚自己想要的是什么

不论做什么事情都要有个清晰的目标。可是不少人并不清楚自己的目标是什么，原因是他们根本不清楚自己想要什么。只有知道了自己想要什么，才会对人生有个清晰的规划和打算，知道自己下一步要做什么，知道自己何去何从，人生才有明确的方向感。毫无方向感的人行走在路上自然是脑中一片茫然。做事也是这样，很多人不知道自己做这事情是为了什么，更不知道自己能够做什么。于是，事情一开始的时候，还信心满满的，慢慢的，遇到的挫折多了，困难多了，自信心受到了打击，就开始变得颓废和沮丧了。他们缺乏对目标的坚持精神，或者说他们根本就没有目标。他们即使获得成功，或是完成某个任务，到头来也不清楚自己究竟得到了什么。

现代人每天都在忙忙碌碌，忙生活、忙工作、忙赚钱，每时每刻都在忙，却有很多人不知道自己究竟为什么而忙，更别提什么成就感之类的了，他们也都没有太过清楚的看法和观点。到头来，沉重的付出换来的是一些微不足道的利益。找个时间好好想想，自己要的是心灵的升华、理想的工作状态，还是只是金钱名利？这些都不是可望而不可即的东西，只要预先设定好自己的目标，就该知道怎么去追求和得到这些东西了。

知道自己想要什么，也就相当于明确了生活目标，明确了自己的工作目标。明确了这些，就知道什么样的结果是自己想要的，什么是自己不想要的。如果把工作中的人按照是否"知道自己想要什么"作为一个标准来划分成几类的话，大致可以有：第一类被动算盘珠型，这类人都没有自己的想法，工作上以领导的意志为转移，领导交代的事情完成了就算是完成了自己的工作了；第二类消极怠工型，这类人根本不知道自己想要什么，工作纯粹是混日子；第三类积极自主型，这类人工作有很强的积极性和自主性，目的明确，不但能够根据自己的需求和特点来完成工作，而且一切工作都围绕目标展开。应该说，真正消极怠工的人也不多，绝大多数人还都是第一种类型，充其量在工作上只能算是个能够顺利完成工作的打工者。这些人得过且过，在淘汰边缘混日子，而第三类人毫无疑问是关注的重点。他们是领导嘴里常说的"有想法的人"，他们会依据自己想要的来提出自己的想法，并投入工作中，即使有得有失，但最终仍旧会得到他们想要得到的。

怎样才能成为领导眼中"有想法的人"，而不是终日不知所为的第二类人呢？想要有想法，就必须知道自己想要什么，这是所有人都必须静下心来好好考虑的一个问题。宏观上说，要明确自己的定位才能知道自己的需求，也就是说知道自己应该是个什么样的人，要达到什么样的成就，那么接下来要做的就是围绕这一目标安排自己该做的了。微观上说，每做一件事情，都要对照一下，自己是不是又朝目标迈进了一步，这样每做一件事情都会显得很有意义。总的来说，在做每一件事情时，都敦促自己多多思考，思考下一步该如何做，对每一件事情都要给出自己合理的判断。这样的话，即便有时候也会有思考不周全的地方，但常常反思，总会通过检查反省来督促下一步的行动，错误也会成为一种特别的收获。

改变的方法二：思考令自己疲惫的因素

捷克著名作家米兰·昆德拉有一句很著名的话："生命不能承受之轻。"当生活的种种压力一下子压在自己身上的时候，当自己已经被重压压得喘不过气来的时候，何不停下来，把身上的重担卸一点下来，冷静思考一下，是什么让现在的自己变得如此疲惫不堪。

生活中的人们占有物质财富的欲望越来越强烈，人们似乎不再多问这些东西对自己意味着什么，只是一个劲儿地希望自己拥有的能够越来越多。可是，当欲望越强烈的时候，当拥有的东西越来越多的时候，人们反倒感觉不如从前那么潇洒、那么自在、那么快乐了，乐观向上的情怀也已经消失了。可即便这样，人们似乎也没有停止对金钱及其他物质的追求，因为在他们心里，拥有物质的多少、外在地位的高低是高过于一切的。于是，他们继续自己的痛苦旅程，企图把所有能揽过来的东西都揽到自己身上来。他们舍弃自己的快乐去换取金钱、财富和地位，却不知道自己的内心已经被折磨得疲惫不堪，一天天地干枯下去。

事实上，真实的自我没有那么多的需求，需要的东西也不是那么多，那又何苦去强求自己要那么多东西？生命容光焕发的因素是快乐，生命中承受那么多冗余的事物，会给自己带来快乐吗？现今的生活节奏加快，大家的步伐急促，很多人在工作中有很强烈的挤压感，总有喘不过来气的感觉。一天天变化的社会环境，一天天变化着的身边人，都会让人感到压力大，不知道该怎样去应对这样的变化。在这种环境中，人们对轻松和快乐生活的渴望远远强于其他任何时刻，可是自己已经像一个迷失了回家的路的孩子，找不到通往通畅和快乐的出口，只能在混沌的内心世界撞得头破血流，沉重的感觉一点儿都没有减少，失望的情绪还是如影随形地跟着自己。在此时生活变得毫无意义，极度空虚。

身上有了太过沉重的负担会时不时让自己感到恐惧和紧张，还有重重的压抑感受。这些负面的情绪同前面讲过的任何一种情况一样，它来自于对未来的忧虑。俗话说得好：月有阴晴圆缺，人有旦夕祸福。未来是无法预测，现实的情况不可捉摸，它的变化形式和结果要比自己能预料的复杂得多。大多数时候人们都是被自己的想象给吓倒了，而不是事实本身，或许挫折没有那么糟糕，只是想象把它塑造得那么可怕。

人生旅途，重要的是自己给它赋予什么样的情绪，这决定了未来是否能够成功。记住，一定要给自己的旅途注满各种好心情，才能接近成功。别去要求太多，它容易让自己失去好心情，在旅途中自己就会漫无目的地去追寻那些自己本不需要的东西，而错过了自己该看到的风景，苦苦执着于那些不属于自己的东西，只会让自己不开心。

生命不去承受那么多东西，才会轻松。人们在遭遇重创后，如果可以舍弃自己所强求的那些东西的话，就会体会到坚强和乐观。

烦恼和痛苦是人人都会遇上的事情，虽然不能被完全排除出去，但是可以避免让自己深陷其中而无法自拔。有的人不能走出烦恼和痛苦的原因，在于自己还不愿意放弃那些不需要的东西。当生命已经不堪重负时，果断地告诉自己，未来是不需要那么多东西的，需要的只有快乐。

改变的方法三：改变浮躁的做事习惯

现代生活节奏快，遇到困难时，人们就会表现得心浮气躁，焦虑不安，患得患失。这便是浮躁的情绪。浮躁的人总是静不下心来，稍有些不如意就放弃，从不肯为一件事情竭尽全力，他们心猿意马，一件事情出了问题，就跳到另外一件事情上了。凡事最后都没有得到解决。工作和学习上一旦有了浮躁情绪，就会表现得心神不宁，做事毛毛躁躁。好事一来，兴奋得难以自持，坏事一来，则是痛不欲生，仿佛坠入万丈深渊。

浮躁所带来的行为总是让人难以自制，被浮躁所控制的意识和行为最终的后果就是一事无成。当下，已经有不少人在不知不觉当中被浮躁的情绪给控制了，有很多人的行为举止已经透出了浮躁的情绪，这可能出现在学习、工作、婚姻等方面。在这种情况下，人们很难控制自己的行为，总是焦躁不安，急功近利。对眼前的变化，他们不知所措，不安分守己；面对将来，对前途毫无信心，行动盲目，缺乏思考。总是用情绪代替理智来处理事情，有时还想着投机取巧，总之最后毫无所获。

有这样一个小故事：一个小禅院，三伏天时徒弟对师傅说："撒草籽吧。"师傅挥挥手说："随时。"中秋，师傅让徒弟去撒草籽，草籽飘舞。徒弟说："草籽被吹散了。"师傅看了看说："随性。"撒完草籽，小鸟来啄食，徒弟见了，急了。师傅说："没关系，随遇。"半夜一场大雨，徒弟冲进师傅的禅房说："草籽被冲走了。"师傅说："随缘。"半个月后，禅院的地上泛起了绿意。徒弟高兴得直拍手，师傅点点头说："随喜。"故事里的师傅说了五个"随"，一切都是顺其自然，随其性而动，如此成熟而理性的心态和徒弟形成了鲜明的对比。故事里的徒弟遇事则不安、焦躁，其不知所措的举动就是浮躁的心态导致的。切忌浮躁，一颗平常心和理性的心态是戒骄戒躁的人最需要领悟和学习的。

曾经有老师问过自己的学生，心中最美的事物是什么。结果学生列出了一大堆，诸如才能、美貌、爱情、财富、健康等词汇。谁知道老师看完以后，却指责道："你忽略了最重要的一项——宁静。心灵的平衡和宁静是人生最美好、最重要的东西。没有了心平气和的态度，以上你写出来的种种都不会美好。"

忙碌的生活容易让人心情脱离平静，变得浮躁起来，总希望得到的更多一点儿，失去的更少一点儿，结果用一颗浮躁的心去面对无穷无尽的诱惑，致使心力交瘁，却无所收获。唯有心情平静了，对一切诱惑不奢求、不乞求，浮躁的情绪才能被平静的内心取代。静静地沉淀自己，看透世间纷繁复杂的变化，避免无聊、荒谬的行为。唯有心情平静了，才会有坚定的目标，并付诸行动，在行动中持之以恒，求真务实。心态平和的人，是有务实精神的人，他们不会自以为是或者妄自菲薄，本质上是谦逊务实的，这是任何一个浮躁的人都难以获得的进步。唯有心情平静了，才能冷眼看待问题，不以情绪为主导，扎扎实实地从实际出发，看清脚下的路，做一个实在的人。

浮躁是阻碍人生获取最高价值的最大障碍。因此，人人都要学会沉淀自己，把浮躁从心灵的深处拭去。泰戈尔说过："生如夏花之绚烂，死如秋叶之静美。"人生之美，同自然界一般，只有平静安稳的美，才是最为恒久的美。

改变的方法四：小心空虚的情绪乘虚而入

无聊空虚的情绪最爱乘虚而入，无聊的时候，悲伤的时候，或者什么情绪都没有的时候，你常常会发现它的存在。这些无聊空虚来得那么莫名其妙。难道没有什么有意义的事情可以终结空虚吗？是争名夺利、尔虞我诈，还是肆无忌惮、挥霍无度，或者是积极向上、追求理想？这个问题似乎已经被遗忘太久了，人们只是感到无聊，却不知究竟为何无聊，不明白无聊空虚的情绪来自哪里。大多数人在生活中迷失了自我，不知孰对孰错。这种状态本身也是一种空虚的表现。

现代人总有一块难以抹去的颓废和迷茫的阴影。这些心底的阴影无时无刻不在毒害着现代人的心灵，往往以一种空虚无助的情绪形态表达出来，让人们在缺乏重心的生活中情绪变化无常，还时常抱怨自己和他人，对身边的环境莫名地感到无趣。这一切都源于他们那颗已经被空虚和忧郁占满了的心灵。

心理学家对空虚做出的专业解释是，空虚是一种人心理上的直观感受，它通常指人们生活在一种无趣的、没有追求的、得过且过的状态中，情绪迷茫无助。空虚的人，找不到生活的真正意义所在，体会不到生活的真正乐趣，一切的工作和学习都是被动进行，机械、重复的劳动只能让自己陷入无意义的生活状态当中。空虚就像是缠绕在人心灵上的一条毒蛇，它紧紧地把心灵包围住，吞噬人的积极精神。心灵在它的缠绕下，无法自由地对外汲取营养，就好像失去水和肥料滋养的花朵，整个人看起来无精打采。更可怕的是，这条毒蛇吞噬的还不止人的精神力量，它慢慢地还会消磨掉人的意志，因为没有信念的支撑，人的意志力很容易被消磨掉。一个人的精力有限，在有限的时间里，空虚感还会进一步地耗费掉人的精力，随着它的不断扩张，从浪费青春进而发展到浪费整个生命，最终走向毁灭。

为了不让生命毁灭在空虚的状态中，我们必须采取一些可行的措施，避免空虚感淹没整个灵魂。首先，要有短期和长期的生活规划和工作目标。前面提过，空虚的根本原因在于缺少人生的目标。生活和工作要是有了明确的目标，就相应地有了动力和压力，在动力和压力的双重作用下，生活就会充实许多。需要自己做的事情多了，哪还有时间去留给空虚呢？其次，提高自身的节制能力。外在的诱惑总是形形色色，内在的欲望也是多种多样，抵不住诱惑，放纵自己的欲望，看到自己失去的、得不到的，只会对生活提不起任何情绪、激不起任何热情，空虚就会及时出现。倘若面对诱惑时能够自持，合理地控制自己的欲望，以"不以物喜，不以己悲"的心态去生活，就不会患得患失，让自己陷入茫然失措的境地，心灵也会因为看到了自己所获得的东西而感到满足，空虚也就无从介入了。

改变的方法五：正面看待，让压力为己所用

美国前总统林肯曾说过马蝇效应，它指的是，就算是再懒惰的马，要是身上有马蝇在叮咬它，它也会精神抖擞，飞快奔跑。若是身上的马蝇被打死，这懒惰的马又会开始慢慢腾腾，走走停停。

林肯说的马身上的"马蝇"其实喻指压力，在压力的积压下，人们会时刻保持高度的紧张，由此带来的忧患意识也会让人保持高昂的斗志。古人说："生于忧患，死于安乐。"适当的压力会激活人潜在的动力，更是推动自身向前发展和变化的最佳推手。

自然界之所以能保持各种生物数量的平衡，很重要的一个原因是食物链的存在。大鱼吃小鱼，小鱼吃虾米，自然规律如此。食物链保证了处在不同等级的动物相对数量的平衡。大家都知道，某种动物的数量过少的话会导致这种动物濒临灭绝，其实，过多最终也会导致它的灭绝。可以想象一下，假使某一区域羊的数量突然增多，而狼却消失了，羊的食物、草的数量也没有增加，那么羊的数量最终也会不断减少；由于缺少了狼的捕食，而羊群数量增加，羊之间不是互相争夺食物致死，就是被饿死，最后还是需要天敌的存在，羊群才能更健康地发展。所以适当的生存压力，是自然界中繁衍进化的重要动力。自然界是如此，人自然也逃不开自然规则的制约，纵使没有天敌的存在，生活和工作等多方面的压力也是推动人类发展的重要助推力。

适度的压力能够增强人们的应激能力。当感受到某种生存危机时，

人体机能会自觉地提高警惕，有意增强某种求生能力以保护自身进入安全状态。这就好像上面举的例子，当羊意识到自己的生存受到狼群的威胁时，它们会时时刻刻对狼群的位置保持警觉，并提高自己的奔跑速度，不仅为了获得食物，更是为了不落入狼口。人要是没有了危机感，与生俱来的惰性就会使人在一种固定的状态中故步自封，不思进取。适当地感觉到危机的存在，会让人的大脑持续兴奋，增强抗压能力，激发创造力，在工作中表现得更加出色。此外，科学研究成果还表明，长期处于良性压力下的人，身体素质也要比那些没有良性压力的人强得多，寿命也更长。那些缺少良性压力的人更容易生病，甚至比有良性压力者寿命要短。

从物理学的角度来说，延展性越好的金属抗击打能力就越强，例如锡，它极佳的延展性使其比其他任何一种金属的柔韧性都强，不会一击就断。人的心也是如此，一颗"延展性"好的心灵是不会惧怕压力的，它会化百炼钢为绕指柔，把压力化为动力，合理地控制良性压力对自身的影响，让压力为己所用。

改变的方法六：找到心灵的平衡点

凡事都要有平衡，尽管平衡是个中性词，但一读到平衡就容易让人联想到一种美，一种健康，一种平和。世间的万物都拒绝失衡，男女比例要平衡，人体摄入营养要均衡，生态要平衡等，一切的一切，只要趋于平衡了，似乎很多问题就迎刃而解了，如果失衡了，就会有一大堆的问题接踵而来。

人的心灵也需要找到一个平衡点，失衡的心灵是乖张的。若有人为了获得一个梦寐以求的东西，对他人奴颜婢膝、委曲求全，还可能昧着良心干一些扭曲人格的事情，这时他的心灵已经失衡了。可见，欲望和诱惑是让人心灵失衡的主要诱因。保持内心的平衡，就要先给欲望和诱惑划定一个界限，以免让自己的心灵陷进这喧嚣的世界当中，陷进那无尽的诱惑当中，最终被折磨得身心疲惫，丧失了快乐。

从古至今，心理失衡带来的悲剧数不胜数，之所以是悲剧，就因为失衡扭曲了人原本美好的想法，失去了生活的幸福。但是一旦心理平衡了，就会笑对人生的得失，从容面对人生的一切是是非非。中国古代有许多文学家都经历过贬谪，有些人还被朝廷一贬再贬，却依旧活得自在快乐。像大文豪苏东坡，他被贬谪之后，总认为"无官一身轻"，不能在朝中为官，但不代表不能在乡野饮酒作乐。他正是给自己的心灵找到了一个平衡点，在不同的时期调节自己的心态，以适应环境，明白人生固然有所失，但也会得到从前所得不到的许多，人生的视野一下子就开阔了许多。

要求心灵平衡，要找到一个让自己信服的心灵平衡点。就好比是一个天平，无论哪一头重，通过调节它的平衡点都可以保持平衡。现实竞争如此激烈，谁都不是尽善尽美的，人和人的比较，总是有强弱、高低之分，但这不代表自己因此就会在所有方面都无所作为。适当地放弃一些不属于自己的，或是自己无法掌控的，找到平衡点，去赢得自己可以赢得的成功。

心理的平衡与失衡，在很大程度上与得失有关，患得患失的人是很难找到平衡点的，因而，合理地考虑取舍是找到平衡点的关键。得失本来就是人生难以逃避的主题，不是什么东西都是自己需要的，放掉那些对自己而言冗余的事物，常常问问自己真正需要的是什么。通过一系列的询问，才能明白真正的自我，懂得放弃和取舍。

找到心灵平衡点的人，在工作和生活中的行事可以做到不偏激，恰到好处。他们懂得在各种事物中找到平衡，如完美和不足，物质和精神，感情和理智，工作与休闲，众多的看似矛盾的事物之间，他们都能找到平衡点来一一解决。怎样才能够在工作当中做到和他们一样，让自己的生活更均衡、更美好呢？以下这些途径或许对大家有帮助。

（1）计划好自己的日程。先把自己必须完成的大事日程安排好，再找出空当，留给自己。

（2）给每个任务规定一个时间期限。失衡很多时候来自于工作或生活超出了规定的范围，例如加班就会让很多人情绪上产生不平衡。如果可以给每个人的任务合理地安排一个时间期限，这种情况就不会发生。

（3）要懂得生活，多和家人、朋友联系。放松一下，记住别总是停留在口头上，要有实际行动才行。

（4）了解自己想要什么，要会爱自己。给家人、朋友留出时间，也要给自己留出时间。

（5）经常反省自己，定期给自己的生活进行自查。独自一人的时候，就是反思最好的时候，这个时候最有利于反思自己的生活，对生活进行考察，决定是否为了生活得更美好，做出相应的改变。

改变的方法七：放松心灵，缓解疲劳

经常听到不少人抱怨自己"忙"，自己"累"。实际上，比较现代人和古人的工作时间，就知道随着科学技术的发展，人们的劳动强度已经降低了不少。那么人们为什么总是"忙"，总是"累"呢？现在人们的"累"是心"累"而不是身"累"。换句话说，心理上的压力更多了，来自各个方面的压力在折磨着现代人的心灵，造成大量的心理疲劳现象的出现。在现代快节奏的生活中，心理疲劳已经成为现代社会的通病，成为现代人心灵的"隐形杀手"。

心理疲劳在医学界看来，主要是由于长期处于精神紧张、恶性刺激的状态中，随着不良情绪的产生而产生的。一旦心理疲劳到达一定程度，就会带来生理上的各种疾病；心理上也会相应地出现各种心理障碍、心理失控，乃至心理危机；在精神上表现为精神恍惚，精神萎靡，严重的则会发展成为精神失常。

克服心理紧张和疲劳，仅仅依靠生理上的休息，像是睡眠等方式是达不到实质性的效果的。要放松心灵，还是需要"内外兼修"的。

首先，说说内在的方面，以下有6种方式可以用来放松心灵，缓解疲劳。

（1）开怀大笑。健康的大笑是缓解疲劳最直接的方法，也是发泄不良情绪的最佳方式。

（2）放缓生活节奏。现代人之所以心理疲劳现象严重，主要原因就是生活节奏太快。给自己的生活中多安排一些放松的时间，生活节奏自然就放慢了。

（3）沉默少言。医学研究表明，人在高声谈论时，血压会升高；反之，沉默时则血压较低。适当地沉默，聆听他人说话，也是一种消除心理疲劳的方式。

（4）多和自己谈谈心。例如，在夜深人静的时候，独自一人，可以和自己说说悄悄话。

（5）不要紧张。遇事冷静的人，不轻易紧张，处理问题就不会有过多的压力。

（6）学会拒绝别人。拒绝他人并不总是坏事，那些无法接受或是无法驾驭的事情要及时在适当的时候说"不"。

再来说说外在的方面，针对身体可以考虑用下面几种办法来缓解疲劳。

（1）注意力集中在呼吸上3分钟。工作紧张一段时间后，要停下来休息一下，这时可以抽出3分钟左右的时间，心里只想着呼吸，采用腹式呼吸的方法，一吸一吐，会感觉紧张情绪缓解了不少。

（2）冷热水交替淋浴。一天紧张的工作之后，可以试试冷热水交替的淋浴方式。在冷热水的转换中，人们的头脑会清醒许多，压力也随之释放出去了。

（3）适当补充维生素。医学研究提出，维生素中的维生素C、维生素E、维生素B群等都有助于缓解疲劳。日常生活中喜欢吃甜食的人，喜欢抽烟的人，爱喝咖啡的人，比普通人更需要适当补充这些维生素。

（4）多参加娱乐活动和体育运动。心理疲劳的人还应该多多参加娱乐活动和体育运动。一定会有人问，娱乐活动和体育运动放松的不是身体吗，和心理疲劳有什么关系？人是身心合一的，二者相互影响、相辅相成。经常参加娱乐和体育运动的人，畅快地放松了自己的身体后，心情也跟着轻松爽快起来。

（5）按摩。同娱乐活动和体育运动一样，按摩也可以放松身心，让紧绷的身体和僵硬的关节得到放松，紧张的情绪也会随之释放。生活中，无论是自己按摩还是去专业的按摩中心按摩都会起到很好的作用。

（6）排解不良情绪。遇到困难最糟糕的反应就是垂头丧气，一蹶不振。情绪受到挫折影响时，不要长时间沮丧，要尽快找回自己的定位和信心。心理学家发现，缺乏自信的人机体中的细胞活跃度低于自信知足的人，而这种细胞活跃度会影响人体的免疫功能，以及人体的抗压能力。所以，尽早排除不良情绪是消除心理疲劳的有效方式。

第二部分

强大的内心源自
内在的成长

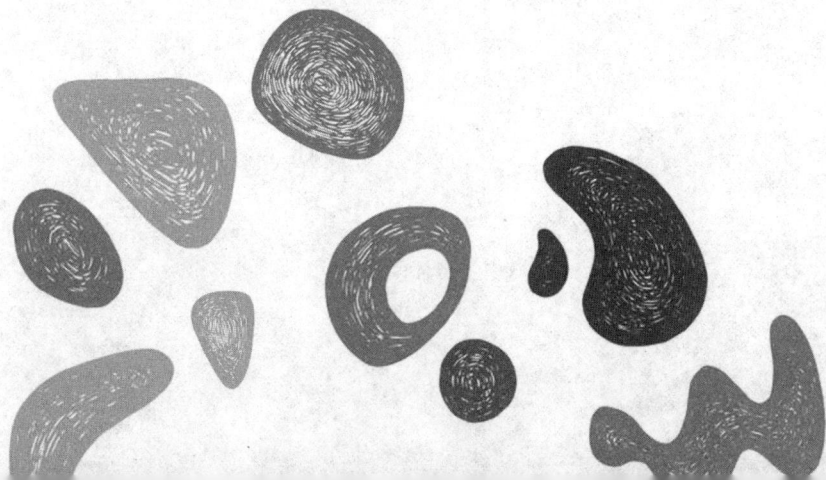

第八章 ／ 认同自己：做自己的朋友，而非敌人

自己是自己最好的朋友，还是自己最强的敌人？有不少人对自己的认知本身就不够清晰。他们不知道自己是什么样的，于是就更不清楚怎样去爱自己、善待自己，更不知道自己强大了，才能向外界散发积极的能量，让周围的人喜欢自己。我们要时刻提醒自己，做强自己才会赢得他人的尊重。与其抱怨身边的人不喜欢自己，不如先想想自己是不是真的喜欢自己。

认同的方式一： 爱己而后爱人

细心留意，有越来越多的人喜欢抱怨身边朋友或是同事的不足，厌恶他们的缺点，对他人的所作所为表示强烈的不满，这究竟是怎么回事呢？是个人过于挑剔还是有其他的原因导致的？心理学家的研究结果发现，这种人之所以总是对他人表示不满，喜欢揭他人的短处，是因为他们自身的自信心不足。简单说就是，不满别人实际上是不满自己，厌恶他人的缺点恰恰就是厌恶自己身上具有的这些缺点。这一切的举动不过是讨厌自己，对自己不满的心理在他人身上的一个"投射"，对自己的厌恶才是这些举动的本质所在。所以，总有人说，要爱他人，先要学会

爱自己。只有喜欢自己的人才会喜欢他人，也才会被他人所爱。

爱自己的人，一般对自己的外表都比较注意，这里说的外表不仅仅指衣着、穿戴等，而是人的整体形象和精神面貌，就是人们常说的"精气神儿"。想想看，一个人要是有那股"精气神儿"的话，他还会讨厌自己吗？这个人的情绪自然也很是高涨、乐观的呀！

说到这儿，有人不禁要问，喜欢自己也和喜欢别人一样重要吗？爱自己，不是"一己私欲"的自我满足吗？第一个问题实际上文已经回答了，当然重要，甚至要比喜欢他人更重要。讨厌自己的人总是通过讨厌他人来输出自己的厌恶和沮丧，他们缺少自我接受和自我认同。连自己都无法接受的人，又怎么去接受和自己有那么多差异的他人呢？有心理学学者提出，在儿童的教育中，要坚持培养孩子健康的自我接受态度，而在此期间，教师也需要具备积极的自我认同姿态，这样才能对培养孩子的自我接受起到重要的作用。

至于第二个问题，这里提到的爱自己，绝不是传统意义上的"自恋"，那是没有理由的、荒谬的自私，爱自己强调的是自我认同，接受自己的准确形象，伴随着自重和人性的尊严，以一种清醒的、实际的方式来不亢不卑地接受自己本来的面目。在这个竞争激烈的时代，太多人在追名逐利的工作和生活中，普遍缺乏高尚的坚定信念，由于个人的价值得不到物质成就的肯定而变态，这必然导致众多人都不喜欢自己，无法和自己和谐地生活下去，更谈不上爱自己和爱他人了。那么，这个社会比起从前来说，尤其需要人们肯定自己、接纳自己，否则一旦迷失了自己，找不到精神上自己的定位，就容易造成精神的迷乱。

爱自己为的是最终成为自己。成为自己不但要爱自己，而且要准确地了解自己、把握自己，知道自己要什么、主张什么、拥护什么，这是需要勇气和智慧的。可惜的是，处在特定环境中的人们，由于受到特定环境中集体惰性的影响，行为举止和主张要求都大同小异，很多人并不能真切地感受到自己的需求，把握自己心灵跳动的频率，只是盲目地跟着多数人走。如果个性在某方面与该群体有冲突时，个体首先想到的是自己的问题，并因此失落和迷惘而不爱自己。这样又怎么能成为自己、做自己呢？古往今来，多少哲人都在用自己的方式告诉人们，要做自己、要成为自己，而不要随波逐流。成为自己，就首先要喜欢自己，肯定自己的存在，要知道"存在即合理"；其次要能和自己单独相处，擅长反思；最后就是要有强大的信念来支撑个体的人生。做到了这三点，不愁不能够真正地认识自己，真正地做好自己。

过度地自我挑剔也是不喜欢自己的典型表现。每个人身上或多或少都有些缺点和毛病，适度的自我批评有助于提升自己，是健康的、有益的。但总是苛求完美，产生浓重的负罪感而不尊重自己，无止境地贬低自己，是不应该的。与其让自己背负这么重的罪恶感，不如把已经错了的过去统统埋葬掉，重新开始。事实上，没有人能够永远做到百分百的成功，期待完美是大家共同的心愿，但那毕竟是可望而不可即的理想，期望自己永远不出错是荒唐的。犯点小错，不是什么大毛病，没必要表现得那样紧张和无措。当错误出现的时候，必须表现出足够的面对过错的耐心和勇气，踏过这道坎，是可以吃一堑长一智的。另外，学会自我放松，嘲笑自己的错误只会让痛越来越深，越来越不利于改善自己的人生，而以放松的心态去面对，才是开始喜欢自己的正确途径。

能喜欢自己、成为自己的人，才是真正地懂得了自己。喜欢自己到什么程度，也就说明自我价值实现到了什么程度。喜欢自己很简单，但同时也很难，简单就简单在每个人都了解自己，只要能自信，就能够爱自己；而难就难在很多人并不相信自己，而喜欢本身也无法量化，它注重的是一种内在的感觉。这就需要大家学会和自己好好相处，喜欢自己，不断通过自我暗示——暗示自己是有能力的、有势力的，暗示自己要重视自己的理想，坚定自己的信念，才能实现自我价值。

认同的方式二：高贵的心灵比出身更重要

　　法国思想家卢梭在《忏悔录》的开篇就写道，当末日的号角吹响时，我愿意拿着这本书和任何人一起站在至高无上的上帝面前接受审判。这就是我曾做过的，我曾想过的，这就是真实的我。卢梭在《忏悔录》里坦坦然然地写下真实的自己。像卢梭有这般勇气的人并不多，他生活在底层，受尽了底层人民的种种苦难和屈辱，而他的心灵却超越了卑贱，无比高贵。他看到了上层社会的污浊和卑劣，那颗高尚的心灵让他无法忍受这一切。于是，他开始思考人和权力和价值，并撰写著作，用他的文字去唤醒众多的底层民众，也让他们明白平等和自由的重要性。显然，在那个时代，卢梭用他高贵的心灵点燃了法国民众的高贵心灵的火种，他让人们都在高贵心灵的指引下，追求自由和平等。

　　保持一颗高贵的心灵，当下或许还身处平庸，或许行为还不那么伟大高尚，再或许还有一点点的卑劣存在，但终将跨越平庸、低微甚至是卑劣，变得更加出色。

　　历史上还有许多人同前面提到的卢梭一样，拥有一颗高贵的心灵，不甘平庸，终成大业。比如，说过"不想当元帅的士兵不是好士兵"的拿破仑，他的心灵也十分高贵。出身于科西嘉贵族的拿破仑，来到巴黎后只是一名小兵，但他的心中却始终怀抱着远大的军事理想，正如他的名字一样，他仿佛一只荒野里的狮子，渴望得到一方舞台，用以施展他的军事才华。最终他也凭借着这股强烈的欲望，加上他自身的才华，成为当时傲视欧洲的一头雄狮。

高贵是埋藏在伟人心里的一颗微妙的种子，大多数时候它或许都不被人感知，但只要有它驻扎在人的心里，那么这个人心灵的本质就是高贵的。中国人常说，"英雄不论出身"，实际上说的就是这个道理，是否能成英雄取决于有没有高贵的心灵，而不取决于出身。心灵高贵的人可以抵挡最不可抗的诱惑，"富贵不能淫，贫贱不能移，威武不能屈"；它有坚强的毅力和信念去完成自己的事业，即便有再多的风雨和再多的艰难，也能够坚持下去，还可以微笑着坦然面对；它有坚韧的性格，能够捍卫自身对真理和美德的追求和信仰。

人的一生很短暂，为了生存，求生的技能固然需要掌握，但也别忘了给自己腾出一些时间去照顾一下高贵的心灵。两者其实并不矛盾，当一个人满足了自己的物质需求以后，此时他在心灵和精神方面对真善美的需求就远比对物质追求来得强烈许多。当下，大多数人都已经衣食无忧了，那就请大家问问自己，你的心灵还缺少什么，也让它高贵一点吧。只有充实的头脑和高贵的心灵，才会让原本卑微的躯体也可以笼罩上一层美丽的光芒。

所以，别小看心灵的高贵，如果心灵里播撒的是卑微的种子，收成的也只能是卑微，而播撒了高贵的种子，那么心灵就将收获高贵。

认同的方式三：肯定优点并加以开发

人们总是在工作中或是生活中，期望达到自己最佳的状态。到底什么样的状态能够被称为最佳的状态呢？什么时候能够达到最佳的状态呢？其实，正像马斯洛说过的："人既是他正在是的那种人，同时也是他所向往成为的那种人。"人们希望能够通过引导把自己引向自我实现的路口，从而找到最佳状态的自我，却不知，自己实际已经处在了最佳的状态当中，只是没有展示出来被人发现而已。

生命的高峰体验，是要进入生命的最佳状态才能体验到的，那种体验是会让人有心醉神迷、喜出望外的快感。而这种快感不是可望而不可即的，它可以是随处存在的，而且时时刻刻都敞开着大门，迎接着处于各种情形中的人们。马斯洛在著作中就曾经把这种高峰体验比作天堂，他对人们说："天堂似乎就在我们日常生活奋斗的前面等我们，准备让我们跨进并享受它。"也就是说，不论哪种情况，不管是成功还是失败，不管自己是否有把握去完成任务，不管是顺境还是逆境，不论合作伙伴是友好还是不友好，都要自信地告诉自己，这已经是最佳状态，应该尽快走进这"天堂"，体验那种完美的体验。

进入生命最佳状态的核心就是要认识并发挥自己的优点，把注意力集中在自身的优秀品质上，并不受到外界的干扰。自贬的人，总是不能发现自己的优点，想象自己总是做什么都不成。实际上，他们不是没有优点，只是他们认为总高调地提自己有多少优点，显得不够谦虚。显然，谦虚不是否定自己的优点，发现自己的优点也并不等同于炫耀、吹嘘自己，不敢认同自己存在的优点不但不够诚实，也不合人性啊！

有必要好好问一问自己，究竟自己有哪些优点，是不是自己都知道，说得出来吗？还是根本连自己都不是很清楚，也举不出例子来？如果有人问自己这些问题，该怎么回答，难道说："我不知道，不过我想我身上总有优点。"这答案听起来也不够真诚。那么换个话题，如果有人问自己有什么缺点的时候，自己会回答出什么？是不是可以一下子倒出一箩筐自己的缺点出来呢？

这样可不行，只是清楚自己的缺点，却对优点没有一点把握的人，如何能在成功的道路上发挥自己的优点呢？现在开始，给自己好好找找优点。

发现优点，利用优点可以激发人的潜能，但发现优点对自己来说也是个不小的考验。总的来说，要发现自己优点的所在，一定不能轻视自己，要了解自己，并且尊重自己，在心里塑造一个自己的良好形象，才有利于找到自己的优点，否则如果对自己一再地贬低或是不信任，优点也就不那么容易被发现了。还有个办法就是，制作一个精致的表格把自己每天发现的点点滴滴记下来，进行总结，再去发现优点就不那么困难了。

看过《中国达人秀》的人一定不会忘记，那个用双脚在钢琴的黑白琴键上弹奏着悠扬乐曲的断臂青年刘伟。刘伟从小的志向是当一名足球运动员，10岁的他因为一次事故失去了双臂，从此也就和足球运动绝缘了，但他始终没有放弃他的体育梦想，他进入了残疾人少体校，开始练习游泳，期望自己也可以为祖国在残奥会上争金夺银。好景不长，他被查出患有一种特殊的疾病，不能再在泳池里训练了。听到这个噩耗，刘伟开始嫉妒他身边的那些队友，他不知道为什么不幸总是降临在他的头上。一次机缘巧合，他练上了钢琴，他才发现原来音乐世界才真正是他的世界，他没有双手，就刻苦练习双脚弹奏法。应该说，经过多年的磨炼和刘伟自身的音乐天赋，他终于可以用自己的双脚自如地在钢琴上行云流水般地演奏乐曲了，技巧甚至超过了正常人的双手，他还凭借自己的努力登上了家梦想中的音乐殿堂——维也纳金色大厅。这个例子已经足够说明，刘伟正是在痛苦的经历中一步一步发觉自己的优点，并以此推动自己的潜能的爆发，最后取得如此高的荣誉。

但有一点请大家注意，发现出来的优点必须是自己身上真正具备的优秀的特质，可别是"虚假"的优点，那就有点强人所难了。什么叫"虚假"的优点呢？就好比有个人想成为一名优秀的外交官，可他对外交工作，甚至是国与国的交往历史一点都不了解，也不感兴趣，却强调自己非要做个外交官，那就是自己害自己了。因此，成功当然需要发觉自己的优点，但优点不是信口开河、信手拈来的东西，而是实打实的真正的优点，才会对成功起到推动作用。

找到优点的人，才会有自信，才知道自己原来比想象中要强很多、要好很多，才会为自己感到骄傲和自豪。别总是垂头丧气地强调自己做不到什么，也要多多关注自己能做到什么，看缺点的同时也数数自己的优点，这样的话，大家都会突然觉得自己比想象中更优秀呢！

认同的方式四：不给自己的能力设限

每个人的能力都是有限的，这是不争的事实，但人们也常常用各种"不可能"来扼杀自己的很多想法，这就是所谓的自我设限。因为这样，很多人不知不觉地放弃了很多机会，错过了很多机会。尤其是在遇到挫折时，如果有这样的想法，更是会叫人无法肯定自己，无法发挥潜力去战胜困难。

这些"不可能"的原因是多种多样的，有的和自己有关，有的和周围的人有关，有的和财富有关，等等。如自己不够好，自己不够聪明，自己没有时间，这事情太难了，诸如此类。可怕的是，有时候人们并没有意识到这些观念，这就说明它们已经深深地烙在了人们的意识深处了，成了一种不被发觉的潜意识。

观念来自于个人的成长经历以及对这个世界的看法，它从人的童年时期就开始形成，再经过不同时期的成长和发展慢慢定型。在这期间，除了自己的看法以外，他人的观念对自己的影响也不容忽视。成年以后，固化以后的观念就会影响个人的一举一动，影响个人的行事风格，并最终影响个人的处境。要获得个人发展就一定要消除那些限制性的观念。

要祛除这些限制性观念，必须先知道自己有哪些限制性观念。找出这些观念并不简单，它们中的很多因为长时间的固化之后，已潜伏在人们的潜意识当中，要发现它们，先要和自己展开对话，了解自己。和自己对话，主要针对的是那些在日常生活中自己感觉有问题的地方，着重对它们进行评估，比如健康、财务、人际关系等。这些方面通常情况下，人们都或多或少地有一些限制性的观念存在。对话可以帮助发现自己的局限，留意在对话中自己说出的一些负面的语言，这些语言里蕴藏的信息就是限制性的观念。

找出这些限制自己的观念，下一步要做的就是证明它们都是错误的。这并不难，可以给自己举出很多反例用于证明自己的想法是荒谬的，那些例子可以给自己增加不少信心。

问题不在于人们无法为自己证明这些观念是错误的。大多数时候，很多人自己也知道这些观念太过荒谬，甚至不合逻辑，但仍旧放不下这些观念，人们还是会任其留在自己的潜意识里，左右自己的想法和做法。

在这种情况下，要给自己信心，就还需要一些其他更具体的做法。总结一下，要克服限制性观念的做法有如下几点。

（1）跟自己对话，留意接下来的一个星期里自己说了什么，记录下那些消极的想法。

（2）标明这些限制性的观念所属的领域，这么一来就可以知道自己最容易遇到困难的领域便是限制性观念最多的领域。

（3）找出一些反例去证明它们是错误的。针对每一个观念，找出一些例子证明它是错误的。

（4）把限制性观念转换为积极性观念。

（5）把转换好的积极性观念记录在另一张纸上。

（6）一旦限制性观念再次出现的时候，拿出那张写满积极观念的字条，提醒自己删除限制性观念，用积极性观念取而代之就可以了。

耐心地用上面提到的这些方式去练习，渐渐的，原本那些限制性的观念就会被积极性观念所取代，人生也就有了新的思维模式。

认同的方式五：倾听内心真实的声音

人的本质是精神，而和精神最紧密相关的是内心世界。人的精神生活主要通过内心世界来体现。精神世界如何，就会直接反映在人的内心世界里，比如，精神里有黑暗，人的内心就有黑暗；精神里有阳光，人的内心就有阳光。因此，就具体而言，和人的本质直接相关的就是人的内心，人的内心世界是什么样，人就会呈现什么样的状态。

中国古代，人习惯用"心"思考，而不是用"脑"思考，看起来似乎有些不符合现代科学。实际上，人思维的根本是精神实质，因为思维也由心而来，它反映了人的内心世界的想法。与人内心无关的，纯粹的思维本身是不能独立存在的，它是附着在人身上的一种精神产物。因此，只有内心能量的涌动，思维才能生发。所以，要细细研究人的思维，必须从人的内心世界开始，否则无法触及思维的深处。

人的能力，究根结底是内心世界对外界环境外在的应激反应。内心世界对外界有了反应，这种感性上的反应会下令人体利用自身已经具备的能量，对环境做出相应的举动，在长时间的磨炼中，能力就产生了。例如，一个对外界有自信的人，遇事就容易生发创造力；一个悠然轻松或是冷静的人，随机应变、灵活的能力对他而言并非难事。人的能力如果缺少了内心世界感受的支持，就呈现不出它们的效用。

无论是内在的思维，还是外在的能力，决定因素都是人的内心，这表明，内心是一个人最重要的东西。内心强大了，一切阻力和障碍不攻自破，不论它们来自哪里。内心世界足够充实，心态足够稳定的人，是不惧怕逆境的，他能够冲破逆境，找到自己准确的定位，为自己的人生寻找到合理的归宿。人生要圆满幸福，注重自己内心世界的给养和充实是非常必要的，毕竟只有心灵的碰撞才会有灵魂的震动。

曾经有这样一个故事。教堂周日的礼拜开始了，某位衣着整齐的人发现邻座的人不但衣衫不整，鞋上还破了个洞。见到此景，他的内心涌起了一阵不快，碍于牧师已经开始祈祷仪式了，他忍住没有发作，但他却无法静下心来好好祈祷，总是克制不住自己去看邻座的那个人。只不过他发现邻座的人似乎一点都没有觉察。祷告结束后，他发现邻座的人也跟着他们高声唱起了祝福的歌曲，还情不自禁地高高举起双手，看起来很陶醉、很幸福。礼拜结束以后，这人按捺不住自己的好奇，跟邻座的人打了招呼，还紧紧地握住了邻座的人的手，一时间，邻座的人激动不已，说道："感谢你愿意跟我打招呼，你是几个月以来的第一位。请原谅我以这种形象出现在这里，虽然我每次都一大早就起床梳洗，但一路奔波赶来，到这里的时候已经是又脏又破了。"听完这段解释以后，这人突然觉得再多说什么都是苍白无力的，这种内心虔诚的力量深深地打动了他。邻座的人那强大的信仰的力量，说明了内心的重要，内心世界充实的人，会不惧艰险，不惧困苦，终能最大限度地发挥自己的能力，寻找到属于自己的精神追求。

既然内心是重要的，那倾听心灵的声音就显得至关重要了，内心总在用各种方式把它的需求和能量传达给人们，这是人一生中最重要的信息，一定要认真倾听。但现实生活中，会倾听的人并不多见。有人接收到了内心传递的讯号，只听不做，或是干脆就置若罔闻，忽视了内心的呼喊。有人会说，总是太忙，要处理的事情太多，顾不上去听这些声音。试想想，连自己心底的声音都不顾的人，又如何能处理好事情？照顾不好自己，身边的事情也往往是一团糟。还有人会说，这些从心底传来的声音太痛苦，生活的压力已经如此之大，怎么还能多承受这么多的苦痛，索性将其弃之一旁。可是丢弃它们，并不代表它们就从此消失，相反，它们的声音会越来越大，直到被倾听和接纳为止，但此时那些放弃倾听心底声音的人早已陷入了生活的泥淖。当心底传递出它自己的声音时，实际上就是在向人们传达哪些地方出问题了，告诉人们下一步该做什么、该放弃什么。这么重要的信息一旦被忽略，那人们就很容易迷失方向。

听说过有人将这微小的声音当作人生的一个坐标。在自己做下一个决定之前，先听听这些声音，忽视和逃避只会带来后悔。也许有人认为，自己在解决问题前也会参考他人的意见和建议，希望通过他们的帮助来指导自己下一步该如何做。向他人征求意见或是寻求帮助没有错，关键是，最了解自身需求的并不是他人，而是自己的内心，与其向他人询问如何达成愿望，不如先来问问自己的内心，它们才最了解怎样能让自己的心灵得到满足。听听它们发出的善意的提醒，告诉它们自己所处的境遇，它们会依此给出自己的选择，做出相应的判断。当然，它们也免不了有自己的局限，谁都不可能十全十美，但至少已经从个人的角度提出了新的看法，这是些极其宝贵的灵感，把握住它们去给自己一点好的建议吧。

处在高压、愤怒或是沮丧状态的自己，脑子一片混乱时的自己，会开始讨厌自己，不再相信自己，也就容易忽视和排斥自己内心的声音。可是此时此刻最应该做的是：放下手中的工作，好好冷静一下，听听心灵的声音。如果还是执着地在这种不良的状态下，坚持做出决定或是寻找答案，那结果只会越变越糟，反倒不利于解决问题。其实，只要让大脑进入一种祥和平静的状态，思路清晰，很快就会找到自己所需要的答案。别忘了，能真正给出解决方案的，就是自己。

那么，怎样让情绪状态糟糕的自己平静下来呢？最好的办法就是冥想。闭上眼，保持安静，不要强迫自己的大脑，好好地放松，它们可以尽快让心情稳定下来，内心保持平和，倾听内心世界的声音，听从直觉，问题的答案很可能就在这个时候浮现。因为答案其实早就在那儿了，只是受到压力和沮丧情绪困扰的人们一直不能平静地去接近更高的自我，才获取不了答案。现在请记住，只要达到自我的最佳状态，听从直觉，答案便唾手可得。

认同的方式六：善于自我激励

现代管理理论中经常提到"激励"一词，很多企业管理中，激励是一种常见的管理策略。企业通过激励来完成对员工工作积极性最大程度的挖掘，实现企业利益。个人实现也同样适用这样的方式。在自我激励的作用下，人们更容易去突破自己，发挥最大潜能，实现人的最高价值。有研究成果表明，个人成功95%来自于自我激励，鉴于此，对于任何一个人来说，自我激励都是实现成功的必要条件。

个人创业者尤其需要自我激励。创业初期，很多人都会经历前所未有的困难，无论是传统思维、传统习惯，还是自己的惰性等因素都会给人们造成诸多的压力。面对这些压力，成功却在远处招手，怎样做才会不退缩、不恐惧，怎样做才能朝着成功的方向继续前进？办法只有一个——自我激励。激励自己发挥创新意识，大胆去尝试新鲜事物，突破传统，完成更大的自我实现。应该说，对于创业的人来说，训练自我激励作为个人操守是非常必要的一件事情。

自我激励还和自信心有莫大的关联。一个人有没有自信，与他能否成功地进行自我激励密切相关。很多人都知道，自信会经常由于种种因素离自己远去，但这并不可怕，虽然自信不是一劳永逸的存在，但通过生活、工作中的各种激励方式，可以让自信重新回到自己身上。只要懂得自我激励，就不致裹足不前，自信就会是有源之水，而这源头就是自我激励。没有什么能比激励自己更能够激起自己内心自信的了。但生活中也常常有人说，即便是激励自己了，自己仍然找不到自信。这又是怎么一回事呢？事实上，这是个误解，激励若不是长久的，自信也难以长久地坚持下去。自信是来自于恒久的对自我信念的坚持，而不是"三天打鱼，两天晒网"。此外，能给予自己自信力量的只有自己。因此要想拥有长时间的自信，就要坚持长时间的激励，保证自己对自我信念的恒久坚持。

每天都坚持去激励自己吧。只是怎样激励才是有效的呢？下面就介绍一些激励的步骤。

（1）要有成功的 EQ，帮助自己建立强大的内心世界，激励自己前进的动力，使自己具备成功者的特质：自信、健康、热心、值得信赖等。

（2）激励自己的态度，学会用积极的语言渐进式地激励自己。通过自我暗示，调节情绪激励自己，培养自信。

（3）保持对工作和生活的期待。激励的动力在于对未来充满希望，对生活和工作有所期待的人，才会在心底孕育出无穷的积极性，乐观地面对生活和工作。

认同的方式七：优化自身的独特魅力

争取做个"特别"的人，这样的个体才会被社会所需要，因为他们的身上有自身独特的个人魅力，而且这种魅力是真实的、自然的，是一个对世间万事万物怀有坦荡之心、平常之心的人所散发出来的。

这里所说的"特别"，不是标新立异，而是有它自身的内涵所在：

1. 要有个性，个性是独特魅力的来源

无论来自哪里，无论从事什么职业，无论什么性格的人都应该有自己的魅力。而这魅力的来源是个人独特的个性，基于某种个性来优化和改造，努力把自己变得更沉稳一些、更开朗大方一些、更严谨一些，那么个人的魅力就散发出来了。切忌盲从，一旦做了一个盲从的人，就再也找不回最初的个性了，更别谈什么魅力了。

2. 要有创新意识，想别人想不到的，做别人做不了的

拥有创造力的人最"特别"，他们的创意代表了他们的"特别"。在这个世界上，若是没有创造力，相当于没有前途，因为大多数的行业都依靠创新发展，不论是新兴行业，还是传统行业，创意都是他们立足的根本。

别把创新想成空中楼阁、想成虚无缥缈的灵感。其实，它离现实生活很近，它是种想象力，它也需要有前期的工作准备才会发生，绝不是空穴来风。之所以有人会觉得灵感那么神秘，是因为他忽略了在灵感来之前那些辛苦搭建的创新平台。灵感只会垂青有准备的人，他们在具体

的工作中发现不足，经验会激发他们的灵感和创造力。

想别人所想不到的，先要为自己搭建一个创新平台，否则再怎么有神来之笔也无着落的地方。

做别人做不了的，就是当创意来临时，不等不靠，不照搬书本，不迷信外来经验，着手去做，在过程中悟出自己的方法，把困难解决，拿出对策，超越前人，超越他人。

这就是每个人的"特别"之处。首先了解自己的个性，不抹杀个性，不盲从，塑造自己独特的魅力，无论此刻自己是什么样的角色，都要积极培养自己的创新能力，不被动等待，而是立即动手，解决问题。有了这些"特别"，就有了自信，知道了自己的长处，它们对成功可能会产生意想不到的帮助哦！

认同的方式八：别用固定的标准衡量自己

成就感和幸福感不是单凭知识就可以获取的，很多时候还和自己有关，同样一件事情，换一个心境、换一个标准去审视，苦难就会变成幸福。否则，在自己眼里，只要标准一成不变就会让人有一种苦难周而复始的感觉——同样的问题，同样的困难，同样的痛苦。

马戏团里，猛兽和大型动物的表演很多，马戏团里的人是如何管理这些平常看起来很凶猛、体形庞大的动物呢？像是大象这样的大型动物，无法像其他小型动物被圈养在笼子里，马戏团是怎样有效地约束住它们的呢？如果告诉大家，马戏团里不过就是用一条普通的绳子把大象拴在一根木桩上，相信绝大多数的人都会十分诧异：如此庞大的动物那么一条简单的绳子就可以拴得住吗？事实确实如此，大象很温顺地被拴着。原因是这些大象从小就在马戏团里长大，从小就被铁链子拴住，只要它一想逃，铁链就会勒疼它的腿，长此以往，它一旦动了想逃的念头，就会想起那被勒疼的腿，于是它就放弃了。从此以后，只要一条细细的绳子就可以把它约束住。因为它自己都不相信自己能逃走了。

马戏团里的大象不去改变自己，只会屈服在相同的苦痛之下。即使发现了新的机会、发现了好的东西，不及时改变自己，再好的东西也会在自己的眼前转瞬即逝。明明有可以逃走的好机会，可对大象来说，从前的经验迫使它还守着过往疼痛的教训，所以当同样的问题出现时，它不敢面对，抱残守缺，剩下的就是一辈子无法解决的难题了。现实中有不少人像大象一样，不敢轻易改变自己的念头，于是问题周而复始，他们尽管会问自己同样的问题要出现多少次，同样的苦难要经历多少次，却从来不问自己，是不是可以改变这样的局面。

有那么多次的机会从自己身边溜走，有那么多的优点还没被发现，这都是由于自己一直都保持着相同的度量衡，来衡量自己的价值。于是，自己永远都是那种没有变化的、解决不了问题的面貌。其实哪怕是那么一点点的优点，在日常生活中被忽略掉了，都是人生莫大的遗憾。法国著名作家大仲马年轻时，也相当自卑，认为自己根本没有任何一技之长。但有一天，他父亲的一个朋友看了他的签名后，赞叹了一句："你的字写得很漂亮。"自此以后，大仲马发现了自己身上原来也有优点，即使只是"字写得很漂亮"这样一个小小的优点，也能让他看到自己的价值，看到自己有别于他人的发光点。事实上，每个普通的生命，都蕴藏着自己丰富的宝藏，只需挖掘，哪怕这宝藏不是金子、不是钻石，其结果也会让自己感到惊讶不已。

一辈子都用一种固定的标准去衡量自己，只会僵化对自己的评价和判断，就像那只被绳子圈住的大象，走不出自己给自己设下的牢笼。走出这牢笼，牢笼外的阳光才会照亮自己身上的发光点。

第九章 ／ 丰富自己：安全感来自自身的能力

人们都企图去依赖和自己有关的一切，这样就能增加内心的安全感。殊不知，这一切的努力都是枉费心力，普通人是无法掌控这个世界的，面对世间的万物变化，也无能为力。学会去适应这种俯拾皆是的不确定，才是每个人真正要学的。何况，个人的安全感不是来自于操纵整个世界，而是源于自己的内心。点燃内心奋斗的火焰，坚持自己的梦想，充满希望，不顾一切地往前，才能为自己的生命给出一份确定的答案。

努力的方式一：用理想照亮前行的路

理想，是每个人心灵中最美丽的景色。它是人们心里的一个梦，虽然大多数时间它都以幻觉式的意识画面出现在人们的大脑里，但它的的确确是人通往成功道路的一个重要的奠基石，人们追寻着这幅美好的画面前进，如同一盏心中的长明灯，照亮了心灵，照亮了人们前进的道路。因此可以说，梦想尽管摸不着，但在人们的内心当中却有永不被磨灭的价值。

漫漫人生路，想要做个坚持理想、追求理想的人，就要在人生理想这盏长明灯的照耀下前行。世间有很多人经过长期不懈的奋斗，不但自己成就卓越，还给他人带来了光明；而还有一些人则是一生碌碌无为。这两种人的根本区别就在于，前者的心中充满了高尚的人生理想，它点亮了照亮人们航程的长明灯，让人们看清了自己前行的道路；而后者的内心世界还是一片愚昧和黑暗，不知自己的人生路将去往何处。

世界上的事物总处在千变万化中，不确定的因素太多，而人生在世，说长不长，说短也不短，几十年也可能发生很多无法预测的变化，尤其是年轻人，阅历尚浅的他们很难知道自己在几十年后会变成什么样子，周围的环境又会有什么样的改变，等等。很难想象，如果他们心中缺少人生理想这盏指路明灯的话，人生也许就会在变幻莫测的世界里迷失了。只有有了理想在内心中扎实的支撑，人生才能有一个强有力的精神支柱，人生才会变得有意义，管它世事如何变迁，只要明确了自己的道路，就可以坚定自己的人生方向。

海伦·凯勒的故事很多人都听说过，关于她的那篇《假如给我三天光明》大家也都不陌生。海伦·凯勒儿时因为患猩红热，失去了听觉和视觉，随后她的语言能力也开始受到了影响，说话含糊不清。对于这样一个残疾人来说，缺少听觉、视觉还有语言的能力，学习的困难已经超出常人想象。可是，海伦·凯勒并没有因此放弃，她在她的辅导老师的帮助下，抱着崇高的人生理想，用不屈不挠、不向命运低头的精神，坚持用自己的方法学习，渐渐地她的水平和同龄人相差无几，甚至在记忆力方面还远远超过了正常人。最终她突破了语言关，学会了五种语言，出版了十四本著作，成为了一名著名的作家、教育家。马克·吐温曾经评价："19 世纪出了两位了不起的人物，一个是拿破仑，一个就是海伦·凯勒。"海伦·凯勒用她顽强的精神证明了她生命的了不起，而这种强大的力量正是源于她对理想的执着和对信念的追求。她看到了对自己生命的期望，并坚定着自己的步伐朝着理想方向迈进。对于她来说，一切困难都不可能是阻碍她前行的障碍，因为她的心里始终有一盏长明的灯在照耀着她前行的路。

人生理想不是空想，不是凭空在那里好高骛远，不切实际。理想是要切合实际和自己的具体情况，天生五音不全的人，梦想当一名歌唱家，这显然不切合实际。另外，别奢望理想都可以实现，要知道理想与现实之间本就存在着一定的距离，正因如此，我们才称它是人们奋斗的终极目标，即便人这一生都无法实现这个终极目标，也不必为此垂头丧气。布朗宁曾说过："如果凡人梦想的都唾手可得，那还要天堂干吗！"不要因到不了天堂而丧气，只要努力过、憧憬过那个美丽的终点，那段经历回忆起来就是精彩而充实的。

人生必有梦想、有理想，为理想而奋斗和争取的过程，与获得理想和梦想实现的结果，都能使人感到无比的快乐，因此，总想着要实现理想，却忽略了这个过程也是不可取的。特别是年轻人，首先要有勇气、有理想，其次是要会享受奋斗的过程，才有可能最后享受到理想实现的果实。萧伯纳有一句名言："一般人只看到已经发生的事情而说'为什么如此呢？'我却梦想从未有过的事物，并问自己'为什么不能呢？'"从现在开始也给自己找一个切合实际的梦想吧，不管是成为医生、明星还是科学家，都要全力以赴去奔向最后的理想。

努力的方式二：别将人生目标设置得太低

有才能的人也可能是一事无成的人，因为他们缺少开阔的眼光和较高的目标。就好比同一条鱼，养在鱼缸里和养在河里差别就大了。人也是如此，从不同的起点出发，给自己定不同高度的目标，彼此的人生会有很大的差异。气魄大方可成大，起点高才能至高。

作为当今世界五大通讯设备企业之一的华为公司总裁任正非，1987年创办华为，起初，华为也只是依靠香港的代理商，销售通讯设备的批发商而已。20世纪90年代，由于手中积攒了丰厚的资金，任正非决定给华为转型，他把目光投向了通讯设备的技术研发，针对国内企业在这个领域的薄弱环节，决定把华为从通讯设备的代理销售商转变为专攻通讯设备技术开发的设备生产企业。于是，任正非开始探索转型的道路。尽管创业之初，华为的技术还显得非常薄弱，但任正非和他的团队坚持自主研发，他曾经说过："只有抱负远大，才能成功。"经过10年的努力，华为成了中国通讯设备领域的领军企业。进入21世纪，任正非的眼光拓展到了国际。目前，华为的订单中70%以上是海外订单，全世界有100多个国家的超过10亿人在使用华为生产的通讯设备，华为已经成为名副其实的跨国企业。其成功秘诀就在于专心致力于技术的研发，并凭着那股对技术研发的执着精神，在很短时间内就与国外的跨国通讯设备公司平起平坐。

志存高远的人，一般一开始就可以为自己确定明确的奋斗目标，并找准自己的定位，为自己设置一个较高的出发点，然后迈着坚定的步伐，一步一个脚印踏踏实实地朝心中的那个目标前进，这样每迈出的一步都那么结实、坚定。胸怀大志，才会培养出良好的工作方法、理性的决策能力，与周围人比起来，更是可以凸显与众不同的思想境界。

目标远大者，才能发挥潜能。不少人有过这样的经历：如果目标是走完10公里路程的话，到了七八公里处，身体就明显感觉疲劳不堪，接近极限。可一旦目标是走完30公里路程的话，那么到七八公里处，不过仅仅是个开始，体力还充沛着呢。这说明，目标越是远大，人的潜力越能被很好地激发出来。

给自己的人生定一个合适的高目标吧，这样的目标会让人有冲劲，在实现目标的过程中，激发出自己的潜能，使人生目标更上一个台阶。

努力的方式三：坚持一生的学习

任何事情没有了知识的积累是不可能由量变到质变的。只有抱着一颗持之以恒的心，一天积累一点，一天学一点，才有可能成就大业。

王羲之是我国著名的大书法家，人称"书圣"。相传王羲之7岁练习书法，勤奋好学，17岁时他把父亲秘藏的前代书法论著拿来阅读，看熟了就练着写。他就这样每天坐在池子边练字，送走黄昏，迎来黎明，写完了无数的墨水，写烂了无数的笔头。每天练完字就在池水里洗笔，天长日久竟将一池水都洗成了墨色。

对任何一个人而言，学习都是很重要的。"读万卷书，行万里路"，短短八个字道出了大道理：人不但要阅读、学习书中的各种知识，更要将所学知识应用到生活中，理论联系实际，获取生活阅历。在坚持学习书本上的知识的同时，还应当坚持实践，实践才能出真知。

培根说："知识就是力量。"如何将知识化为力量要远比学会知识重要得多。知识像是工具，要把工具应用到实实在在的生活中，工具的作用才能得到有效发挥。因此，坚持每天学习，还应坚持每天化知识为力量。知识的转化过程就是学以致用的过程，只有在应用中才会体会知识的重要性，才能真正地应用知识来获得自己的成功。假使一个人空有一脑子的知识，却不知道应用，那些知识也如同死水一潭，解决不了实际问题。所谓"尽信书不如无书"，书本里的东西固然重要，但要明白，学习知识的目的是为了应用，而不是攒着用来炫耀的。

鲁迅先生主张："用自己的眼睛去读世间这一部活书。"坚持学习，要读自己需要的"有字之书"，更要领悟生活中的"无字之书"。参透前者，结合后者，才能读"活"世间的"书"，才会体会更深、记忆更深刻。

世间不少人天资聪颖，却一生平庸，问题出在他们自己身上。只见眼前利益，却不求上进，不学习、不进步，他们的人生只能停留在一个阶段，看不到更广阔的未来，前途暗淡，成就不了什么大事。一个有成功潜质的人，必然是自强不息、追求新知的人，学习对于他的人生来说是个不可或缺的部分。

努力的方式四：注重一点一滴的积累

一口饭吃成个胖子的事情永远都不会发生。古人说："不积跬步，无以至千里。不积小流，无以成江海。"凡事不从小事做起，难成大事的。可是就是有那么些人，一心想瞬间成就丰功伟绩，那几乎就是天方夜谭。任何人的成功都是要真真切切地走好每一步，一点点地去累积成功的资本。

如果想让自己触摸到成功，就要让自己随时都处于准备好的状态，抓住眼前的机会，一点一滴地发挥自己的创造力和其他各种能力，时刻保持自觉的工作热情，一步一步扎实地迈向成功。平庸的人和成就大业者的差距就在于是否清楚地知道自身工作的意义，并一点一点地去释放自己的能量，直至成功为止。成功靠的是日常工作、生活的积累，因此小事情也是影响大成就的关键。

说起人生的厚积薄发，最经典的莫过于历史上越王勾践卧薪尝胆的故事。越王勾践被夫差打败后，越国覆灭，从此他作为亡国奴生活在吴国，饱受屈辱。三年后，勾践被放回越国，他暗下决心要一雪前耻，私下练兵，还鼓励越国的民众重视生产，壮大自己的国家。为了让自己时刻牢记自己过去的屈辱，勾践撤掉了床上的被褥，只铺了些柴，还在屋里挂一个苦胆，日日舔之。直到时机成熟，勾践生擒夫差，成就了一番霸业。

勾践的例子现在看来固然有些沉重了，如今的人们已体会不到他当年的那种痛了，大家面临的大多还是工作上的事情。但不得不说，勾践在亡国后等待时机的那些年里的积累为他此后的成功奠定了坚实的基础，这点值得现在的人深思。当年勾践在恶劣的环境中，还能注意修身养性、蓄积能量，现在的人呢，若想要取得大成就，就要学会在工作当中积累自己的学识、经验和阅历，这对任何人来说都是非常重要的。无论学历高低、经历丰富与否，人总是会在工作中遇到各种各样的问题，"书到用时方恨少"，假设没有长期的知识积累积淀，是无法很好地应付这些问题、驾驭这些矛盾的。或许有人要说，对于刚刚在职场起步的新人需要这么做，但对于有多年工作经验的人来说，已经掌握了丰富的工作经验，又何必需要不断学习。这种想法就不对了，新人固然要学习，而"老人"需要的是总结，在从前的经验中慢慢地一点点总结经验教训，学习新知识来进一步丰富自己，在反思中创新才是最行之有效的工作方法。

仔细研究成功者的事例，就会发现，成功者的身上都累积了大量的经验，这是比他们所拥有的实体财富更为宝贵的财富。这些经验有些来自于书本、来自于年少时的学习，更多的来自于他们本人在长期的摸爬滚打中获得的亲身经验，这些经验能够让他们更深地体会到成功的真谛。

古人有训："一屋不扫何以扫天下。"要成就大事业的年轻人很多，但有多少人知道梦想成就大事业，也要从一件件小事开始做起，而大事本身就是小事累积的结果。夸下海口要做大事，却置身边的小事于不顾，不是成大业者的姿态。

努力的方式五：善用自己的聪明才智

　　莎士比亚说过："人的才华智慧如果无法运用在最需要的时候，便和庸碌平凡没有差别。造物者是一个精于计算的女神，它给予世人的每一分才智，都要受赐的人善加利用。"人的聪明才智只有用对了地方，才能解决问题，否则看起来就像是小聪明，或是卖弄聪明，人也就不那么聪慧可爱了。

　　先要知道自己的智慧所针对的问题是什么，才能对症下药；另外，真是碰到"症"的时候，怎样下药还是个问题。很多人知道自己的聪明才智该用在什么地方，却常常烦心不知道该怎么用，他们习惯了遇事后不冷静，先用情绪去应对，而没有想到其实自己还可以有更好的办法。结果呢，可想而知了。事实上，医生对症下药时，没一个是凭情绪下药的，必须是理性针对病人的病情，应用自己所学的医学常识来下药。其他问题亦是如此，碰到疑难病症，冷静一下，好好思考一下自己有什么、可以做什么，情绪稳定了，就能发挥自己的聪明才智去解决问题了。

　　法国一个著名的喜剧演员，一次在外度假时，突然接到家中急电，说是家中发生急事需要他速回巴黎。可当他收拾好一切行李的时候，发现结完旅馆的费用后，费用已经不够他回到巴黎了。他为此发愁了许久，但最终他想到了一个绝妙的办法。第二天他走出旅馆买了两瓶酒，在酒瓶上分别贴上了一张写了几个字的纸条，还寄了一封信，然后回到旅馆。随后工作人员看了他酒瓶上的字后，迅速报了警，警察当即逮捕了他，把他送回巴黎受审。大家一定很奇怪，他究竟在酒瓶上写了什么？实际上他在一个酒瓶上写的是"给国王的毒酒"，另一瓶上写的是"给王后的毒酒"。他就这样轻松地被送回巴黎了，而他记得那封信是寄给国王的，把事情的来龙去脉都写得非常清楚，国王看后哈哈大笑。而他本人经过调查后也很快就被无罪释放了。

好好回忆一下，自己从前在遇到危急情况时，是否也能如同这位喜剧演员一般淡定从容、随机应变呢？喜剧演员的智慧用对了地方，不但自己被及时送回了巴黎，还在国王面前博得一乐。这就是智慧的力量，用对了就会让自己显得与众不同。

问题都不复杂，复杂的是自己。因为自己不仅有聪明才智可以解决问题，也有感性情绪很可能阻碍问题的解决，关键就在于自己如何做出正确的选择。遇事冷静的人，才能善用自己的智慧，镇定地解决所有难解的问题。

努力的方式六：寻找更完善的自我

人总是在不断地追寻一种更高的境界，就算自己已经创造了不少佳绩，也仍然希望向下一步目标奋斗，向新的目标挑战，进一步完善自己。自我完善是对自己的信念一种坚持的表现，坚持信念要求自己积极向上，坚持信念不是个静止的过程，而是个动态的、逐渐改变自己的过程。当然，目标是固定的，方向是不变的，就是在过程当中，根据行为举动的反馈信息以及周边信息的动向，加快或减缓自己的速度，必要的时候还要以退为进。

自我完善不是信口开河，是要有一定基础的，要以过去的自己为模板，修修改改，缝缝补补。这样做不代表就要受到过去的自己的限制，而应该解放自己的思想，不受过去的不利影响，失败就积累经验，成功就积攒信心，过去只是一个让自己走向未来的参照，而不是全部。完善自己要回顾过去，但不是让过去把自己束缚住。

完善自我是属于心灵范畴的，它指的是个人性格的发展和成熟，心灵世界的逐渐升华，个人修养和适应社会能力的提高，等等。它和"圣洁心灵""通达意境"有异曲同工之妙。完善自我需要认识自己，认识了自己才能进一步地提出完善和升华，但是只是认识自己是远远不够的，完善自我还需要更多方面的因素，综合在一起才能达到目的。

既然完善自我和人的内心世界有莫大的联系，那么谈认识自己就要从心灵的角度出发。人的心灵也和身体一样会因为各种原因出现各种问题，甚至是疾病，这就是一般提到的心理问题和心理疾病。这些心理疾病产生的根本原因是认知自我的不完整或是个性本身的缺陷，尤其是个性上的问题。这一点很重要，无论是认知上的不完善，还是本身就不完善，都会影响心理健康。本身个性上的问题就更应该通过对环境的适应、对过去的总结等方式来不断地改进，进而做到内心健康。这么一说，个性的完善即自我的完善就成了人生中的一个重大课题。谁都要去面对，毕竟对于现代人来说，实现自我是创造未来的最高要求。这里提到的实现自我，必须是一个完善的自我。有缺陷的自我，或是不完整的自我，都对实现自我有很大的阻碍作用，还会给自己带来无尽的痛苦和自责，心灵的包袱会越来越沉重，因此，完善自我是每个人人生路上必修的一门功课。

　　《三字经》的第一句就提到："人之初，性本善。"人在呱呱坠地的一瞬间都是善良的，差异也不大。后来由于成长环境的不同，慢慢地铸造了各种不同的性格，人们性格上的缺陷和问题也各不相同，这是正常现象。没有谁生来就有完善的个性，环境处在变化中，任何一个时刻都不可能是尽善尽美的，只有随着环境的变化，一步步去总结适应，才能逐步完善自己的个性。凡品德高尚、个性优良的人都不是天生如此的，这些都和他们后天的努力和磨炼有很大的关系。在成长的过程中，他们付出了比别人更多的精力去关注自己、认识自己，弥补个性中的不足，才铸就了完美的个性。相较他人，他们对自己的人生和自己的个性有更为清醒的认识，在了解自己的缺陷和弱点之后，不悲观，不退缩，而是迎难而上积极进取。记住，完善自我的前提是正确地认识自己。

　　完善自我具体应如何做到呢？很简单，要丰富自己，改掉个性上的毛病，唯一的办法就是不间断地学习。学习是补充精神食粮的最好方式，它有助于人们汲取来自各方面的营养，以弥补自己的缺陷。可是，单纯依靠学习还不够，就好比一个人吃东西，吃了大量的食物，身体却无法吸收，那吃得再多也是浪费。心灵在学习之后，还要学会如何把外在的知识转化为内在的能量，把它们都变成滋养个人个性的养分。要具体发挥这些通过学习得来的知识，要有一个内在转化的过程。否则，就会因为知识太过杂乱，不经整理就胡乱堆积在身上致使自己的心灵"消化不良"，反而对完善自我没有太多的帮助。所以，在学习的时候，要时刻谨记不能急于把所有的知识一次性强塞给自己，要懂得循序渐进，当外在的知识进入体内转化为内在所需的养分之后，下一步的学习才可以继续进行。遵守这一条原则，完善自我就可以是一个深入的、持续发展的过程。

人的一生说长不长，说短也不短。之所以说它不长，是因为人的一生犹如"白驹过隙"，时间匆匆而过，只要稍不珍惜，它一溜烟地就走了。说它不短，是因为人的寿命怎么也有几十年，若是心理上的问题始终存在的话，那就会折磨自己一辈子，度日如年，这还不长吗？不管日子对自己来说究竟是长还是短，人生之路都要一步一个脚印地往前走，这一路可能满是荆棘，甚至还布满了各种陷阱，要顺顺利利地走下去，就不能盲目地摸着石头过河，要有心理准备去面对这些磕磕绊绊。这种心理准备是指自己储备了多少知识和养分去应付它们。从这一点上说，一个人一辈子要学的知识和本领实在太多了，从前学过的要不断更新，没学过的要加紧学。完善自我是时时刻刻要做的事情，而不是去等待知识来召唤自己。

人生的路很长，就注定了完善自己不是一朝一夕就能完成的事情。它不可能在短时间内就见到成效，它是个持续的、长期的任务，什么时候都不能懈怠。不过，也不用泄气，只要坚持刻苦地认识自己、改造自己，有时候一些小惊喜也会让自己感到无限欣喜。

努力的方式七：始终抱有强烈的进取心

成功者在人群中的比例总不会太高，但换个角度看，无论是谁其实都有可能成功。也就是说，成功与否的关键还在于人本身，即便不可能谁都成为世界上屈指可数的名人，至少不致做个人生的失败者。俗话说："活到老，学到老"，人的一生应始终处于一个不断学习和进步的过程中，所以"不进则退"的法则不管是处在哪个年龄层的人都逃避不掉。可以看到，一个停滞不前的人，实际上就等于在倒退，他会被社会所抛弃和遗忘；一个不想成功的人，最终会连小人物都不如；一个总是对所有事情都漫不经心、毫无所谓的人，那就预示着他失败的开始。总之，缺乏进取心，就意味着人生倒退的开始，也注定了他失败的开始。

有这样一则寓言：两只青蛙在觅食时，失足掉进了路边的一个牛奶罐里，牛奶罐里虽然牛奶不多，但对于青蛙来说已经威胁到它们的生命。其中一只青蛙心想，这么高的一个牛奶罐自己是出不去了，于是它在绝望中不断地沉了下去。另外一只青蛙的想法则与之相反，它看着同伴沉下去的同时，并没有和同伴一样绝望，而是一直鼓励自己，相信自己一定能凭着自己的能力跳出这个牛奶罐，重获自由。于是，它一次又一次地跳跃。最后，正因为它的反复跳跃和践踏，剩下的牛奶凝成了奶酪，这只青蛙经过不懈的跳跃终于跳出了牛奶罐，重新回到了池塘里，获得了自由。这则寓言中的两只青蛙，在面临同一困境时，表现出了两种截然不同的态度，前者只看到了危险以及危险所带来的绝望，结果是死在了牛奶罐里，而后者则努力与这种环境抗争，争取生的希望，结果逃了出去。这已经证明了进取心在人的一生中将起到很大的作用，它可以影响一个人生命的质量，以及成就的取得。

所谓的进取心，指的是主动去做应该做的事。它可以驱使一个人在不被吩咐的情况下，去主动做那些应该做的事情，这是种极为难得的美德。世界上真正有进取心的人也不算太多，有很多人是在他人的示范下，更严重的是在他人的驱使下，才会去做该做的事情，这样的人只能是碌碌无为，还常常怨天尤人，总认为活得不够自由。或者还有一类更糟的人，就算是有客观因素在驱动他们做事情，他们也不会去做，这样的人一般来说都是无所事事的人，命运对他们来说真是毫无意义。而有进取心的人与这两种人不同，他们不但会主动认定自己该去做哪些事情，还能在这过程中克服不可思议的困难来获得成功，这才是有意义的人生。

俄国戏剧家斯坦尼斯拉夫斯基曾说自己遇到过一个"偶然的天才"。有一次，斯坦尼斯拉夫斯基在排练一场话剧时，女主角突发状况不能出演，情急之下，他让自己的大姐来救急。事实上，斯坦尼斯拉夫斯基的大姐以前并没有演过戏，她不过是幕后的服装准备人员，一时间，拉她上台，她感到了自卑和羞涩，表演自然也受到了影响。此时的斯坦尼斯拉夫斯基非常不满，突然喊停，对着台上喊："如果女主角演得还是这么差劲的话，就不要再往下排了！"顿时全场鸦雀无声，大姐也久久没有说话。忽然，大姐说了一声："接着练！"而后她的表演一改此前的羞涩和拘谨，变得从容和自信起来。就连斯坦尼斯拉夫斯基看了以后也十分惊讶，忙说："从今以后，我们有了一个新的艺术家……"这个"偶然的天才"的故事说明，进取心是人成功的起点。斯坦尼斯拉夫斯基的大姐在舞台上，正是进取心的作用，使得她有了坚持不懈地向角色塑造挑战的勇气，即使她从来没有表演经验，那种蓬勃向上、积极进取的精神让她成为了弟弟口中的"艺术家"。

可见，进取心对人的生命至关重要，它是每个人生命价值提升的动力。保持旺盛的进取心，才能超越平庸，获取成功。进取心本身是一种积极的心理状态，同是也是一种强烈的求知欲望，对新知识保持一定的好奇，所以，它能让人们不断充实自己，提高自己，更好地实现自我价值。

第十章 ╱ 找回动力：拒绝颓废的生活方式

自我满足往往容易造成动力的缺乏。一旦遭遇挫折便感觉筋疲力尽，丧失热情和斗志，只想安安稳稳地安抚自己的情绪。这种什么都不想做的原因其实就是隐藏着的"自我满足感"，它让人在不经意之间延缓自己向前的步伐，减少完善自我的欲望，让自己停滞不前。

找回的障碍一："有益的不适"

每个人对生活都抱有许多美好的心愿，而且为了达成这些心愿，大家也会付出很多的努力。不过，尽管最终要达成的心愿都很美好，但经历的过程却不免会发生一些让人觉得不适的事。例如，要减肥就要做大量的运动，可是运动当中身体的不适也是很常见的；与新朋友建立关系，要有十足的耐心，否则很快就会发现人与人间的矛盾分歧也会经常让自己感到不适；做出一个有创意的决策，也常常会因为焦虑不安而引起不适。由于每一个任务都可能存在这么多的不适，有很多人会因此而缺乏持续的动力。其实大可不必如此，凡做一件事情，过程不可能总顺心顺意，既然如此，那何不干脆将它们一一视作测试自己包容能力和承受能力最好的方式呢，好好地考验一下自己，那也是个对人生有益的过程。

因而，有人习惯会将这些不适称作人生中"有益的不适"。

处在不适期的人，很难有动力去完成自己的任务，对一切都失去了兴趣，就算是很小的事情在他们看来都很难去动手做，仿佛冬眠的动物一样，无所事事却感到前所未有的轻松。这种状态其实并不健康，看似在等待最佳状态的重新回归，但只是精神萎靡且不做任何努力地"冬眠"着，人生的动力是永远不会到来的。快从"冬眠"中醒来吧，它不是在帮助自己积蓄能量，而是把自己变得懒散，且羞于去面对自己，结果只能是什么事情都干不了，也干不成。没有了动力，放弃和无助让人们进入了一个恶性循环当中，能做的事情越少，就越是指责自己，这就真的太可怕了。要走出不适，就要先走出这种恶性循环；要走出这种恶性循环，就必须先适应不适，要先搞清楚不适背后的动力神话。

一般人都会觉得做事一定要有动力，否则他什么都干不了。这就是动力的作用。而当不适的感觉到来时，他们就变得不太积极，缺乏动力，只一味静静等待动力的回归。这是动力的缺失。然而，很多人发现，这种等待既漫长又无意义，等来的往往不是动力的回归，而是动力的消失。其实，找回自己的动力并不复杂，只不过人们对动力的认识常常只停留在动力可以驱使人们行动，却对自己行动创造动力不曾有太多的概念，总听到有人无奈地说，自己缺少动力，所以做不了事情，很少听到有人主动行动起来创造动力。这便是动力的神话，当动力消减时，它影响了自己再继续下去时，请换换心情，换换手头上做的事情，用另一种行动来重新找回自己的动力和激情。

这种说法并非信口开河。心理学家在研究人们的动力时就发现，被动地等待动力的回归是不科学的。只有走出让自己不适的困境，转换心情，把注意力转到其他自己更愿意做的事情中，例如走出去和朋友聊聊天，去健身俱乐部锻炼，或者做一些其他能让自己状态良好的事情，等等，很快就会发现动力从另一个方面又被重新激发出来了，人又重新变得精力无限。有了上述的发现后，心理学家给那些缺乏动力的人提出的建议是，当自己发觉缺乏再继续完成某项任务的动力的时候，或是发觉自己不愿意做某件事的时候，放下手头的事情，列出那些曾经让自己感觉良好的事情来，不妨去做做看看，就算没有动力，也去做做看。随后，再给自己作个测试，看看自己是否还如之前那样萎靡不振，缺乏激情。结果是，几乎所有坚持这么做的人都从事情中"创造"出了新的动力，又可以更好地投入自己应继续完成的事情当中去了。

改变不适的感觉，要从改变自己开始。必须相信动力的神话，谁都不是动力被动的附着者，都是动力的"创造者"。找到自己喜欢做的事情，创造出无穷的动力，去完成自己必须完成的事情吧。

找回的障碍二："我不愿意做"

当有人表示对某事毫无兴趣的时候，真实的意思应该是他不想做这件事。世上的事情本来没有那么多难易之分，大家也许都只是在用一种委婉的方式来劝说自己，本质还是自己想不想做的问题。极少数的人会乐意接受自己不想做的事情，于是，他们总以"事情太难了"或是"还没准备好"来推脱。

但是，认真思考一下，有没有人就真的一件不想做的事情都没有做过呢？过去发生过的，诸如背书、考试、上班、出门等，这些事不想做的时候就都没做过吗？显然，这些事情很多人都不想做，但都或多或少地做过。那这又是为什么？事实上，任何一个人做任何一件事，都不可能由于做了它就对它产生好感，很可能情绪上还是很排斥，但为什么"不想"做的事情却还"愿意"做，这就是关键所在了。只要"愿意"，不要喜欢，也可以把不想做的事情完成。"愿意"自然和兴趣、爱好之类还是有差别的。那么要怎么样才能"愿意"呢？

从小时候开始，人们就会常常听到自己心里传来的小小的抱怨声，当父母交代了一些自己不想做的事情的时候，这个熟悉的声音就会响起。这说明，谁都不想做那些自己不想做的事情，从懂事开始就是如此。但是再回忆一下，如果决定不去听这些抱怨的声音，而是决定去做这些事情，结果呢？比如体育锻炼、节食、学习还有工作，做了这些事情了，尽管大多数时候完成它们着实很困难。但做完它们的结果显示，似乎它们给予自己的并不坏，还可能让自己感觉良好。理由就是这些事情对自己来说确实都有用。这就是为什么可以"愿意"去做那些不想做的事情的根本原因。虽然自己真心不喜欢做这些事，但自己心里也明白这些事非常重要，不管怎样，还是"愿意"做了，也许觉得累，也许觉得不愉快，也许还没准备好，但是自己还是打定了主意去做。这种"愿意"所换来的结果似乎都不错，自己可以从中获益，可以取得进步，可以获得力量。这时，自己才意识到，原来缺乏动力去做的事情，凭借所谓的"愿意"所换到的结果却这样喜人。说到这儿，大家应该搞清楚"愿意"是什么了吧，其实这是人的自律，在面对那些很重要，却不想做的事情的时候，人的自律是会帮上大忙的。

当自己不想做一些事情的时候，再问自己一次，愿意做吗？

为了自己的生活，自律让大家有了动力"愿意"去做不想做的事情。

不想做的事情已经有做的动力了，那做这些事情当中的不适感怎么解决呢？这种感觉总让人觉得难以承受，让人筋疲力尽，还容易给自己传递一种不良的感觉，虽说这是"有益的不适"，但真要克服这种困难的感觉，还真需要明白什么是"有益的不适"，自己才挺得过去，完成这些任务。所谓"有益的不适"指的是为了达到目标，把不适感视作实现这一目标必经的困难，并将它看作实现这一目标的一种必要的工具和方式。

不适是一定会出现的，如何克服这些不适，下面就告诉大家一些增强不适感忍耐力的简单练习，供大家参考一下。

（1）回忆一些让人不愉快但最终还是完成了的事情。

（2）把不适感和自豪感联系起来。想想哪些事情值得骄傲自豪，而这些骄傲自豪里有没有不适的感觉夹杂在其中。

（3）适当地给自己安排一些不那么想做的事情，并记录下做的过程，看看自己所完成的任务和这些事情是否相关。

（4）所有不适感都是暂时的，它不会毁了自己，事后才会明白有不适才能更坚强。把不适当作一种暂时的投资，克服它，收获的是永久的自豪感。

找回的障碍三："我不应该做"

什么事情应该做，什么事情不应该做，人们在做事情之前经常会做这样的判断，用应不应该来判定自己要不要做。有时候，"不应该做"也会成为做事的另一个障碍。例如，失恋的人总是觉得自己不应该遭受这种感情上的痛苦，越想就越觉得当下的孤独难以忍受，觉得自己遭到了不公平的对待。糟糕的事情往往会发生在所有人身上，没有所谓的应该不应该，谁都可能碰上，只有当自己认为自己不应该付出比平常更多的心力去对付痛苦时，才会觉得不公平。

事实上，处境是无法选择，且是无法左右的，遇到这样的情况时，更要明白这一点，那就不会觉得事情不应该发生在自己身上了。此时在面前有两条路可供选择：（1）做点什么让情况好转；（2）什么都不做，同样等待情况好转。糟糕的事情已经发生了，这纵然让人觉得极其扫兴或是不公平，但更糟糕的是，如果不做任何事情来应付这种痛苦，那将是更可怕的一种经历。就好比有人的房子在台风中被刮倒了，这时他是应该积极地进行灾后重建，还是沉浸在失去了房子的痛苦中，只想着这件倒霉的事情不应该发生在自己身上呢？很明显，明智之举应该是把更多的精力和资源投入到重建中去，而不是一味地抱怨，大多数人都会做这样的选择。这么说所谓明智的决定，大多都是选了"不应该"做的事情，那是为什么呢？

就像是上面说的不想做的事情一样，即便它们是"不应该"做的，但这些同时也都是当痛苦发生时，对自己最有利的事情，只有这么做才能让生活更好。通常在遇到危机的时候，人们都会倾向于着力克服内心痛苦的感觉。但不排除也有人只是在忧郁中等待自己的状况能好一点。这取决于自己想成为哪一种人，是消极被动的"等待者"，还是积极行动的"行动者"。前者希望情况可以慢慢好转，他所采用的办法是等待，而没有任何主动的行为；后者则是积极地去干预事件的变化，做些"不应该"做的事，去扭转危机。

"行动者"的做法可以看成是面对危机的主动出击，即"我让事情发生"，或者"我去扭转危机"。心理学家的调查研究表明，"行动者"的积极主动行为，完成了"不应该"做的事情，并不一定就会让他们感觉到不愉快，相反很多人都会因此感觉更舒服一些，反倒是变成"等待者"的才会觉得很无助。

历史上，早在亚里士多德和斯多葛时代的古希腊人和古罗马人就非常提倡面对危机时，做一个"行动者"，他们还将这种思想行为方式看作一种美德。古希腊人和古罗马人就已经很强调主动创造"美好生活"的品质习惯，他们鼓励人有慷慨、勇敢、自律和正直的品质，来为自己打造幸福的未来，并最终形成一种习惯。习惯一旦形成，就不会认为什么是应该做的、什么是不应该做的，即使没有动力、没有奖励，也会自然而然地去做，因为那是自身的习惯性驱使自己那样做。简单地说，人们已经认为自己生来就应该做这样的事情，做这样的事情的人才是具有自律的人。于是，那些曾经被视为"不应该"做的事情，也就不依靠动力或是其他什么因素就会轻轻松松地被解决掉了。

这么一来，人们就会发现，自己竟然靠着这些"不应该"做的事情成为了自己想要成为的人。"不应该"做的事情的魅力就在于此，而做不做这一切的决定权都在自己，只有自己才明白自己要成为什么样的人以及自己的目标是什么。培养自律和积极的性格，才会成为一个与困难作长期艰苦斗争，并最后获益的人。

找回的方式一：有目的地计划安排

每个人都有计划地安排自己的生活，但计划缺少目的的话，就会变成机械式的生活。目的需要制订计划来达到，否则一切都只是空谈。设想自己将要开始一段旅行，手头有好几张地图，若是此时不计划去哪儿的话，旅行就无从开始。总之，有了明确的目的才有开始，才能计划未来要走的每一步，事情才能落到实际操作的步骤当中去。

没有目的的生活，大多数人都会感觉到累，有伤心和无助等悲观情绪，因为生活缺少奔头。所以，无论干什么事情，都请事先考虑一下自己的目标是什么，再朝着这个目标有计划地为自己制订一些短期或是长期的计划。有目标、有计划，个人的生活才会有目标。

时不时地问问自己，自己想要的生活是什么样的，是参加社交活动，或是增强体育锻炼，或是学一门新的手艺，或是出外旅行，等等。在决定如何合理安排自己的计划前，请问问向导——自己确定的人生目标，然后有针对性地把大目标分解成实现难度较小的小目标，或是把长期目标分解成多个具体的短期目标。要知道"每周去健身房两次"远比"保持身材"这样的抽象目标，更现实一些，也更有计划一些。每一步都有了周详的计划，也有了明确的目标，事情就可以着手开始做了。

那么，有目的地计划安排自己的人生目标有什么经验可以借鉴吗？那些缺少生活目标的人，他们找不到激励自己的办法，去扫清路上遇到的障碍，认为自己一事无成，也就自然而然地无法主动去制定下一个目标了。应该说，这也是个可怕的恶性循环，没有目标就没有动力，而缺乏动力也就没有下一步的目标。所以，制订目标的第一步是确定出人生规划的总目标，也就是把长期期待实现的价值作为总目标；第二步，分解目标，具体安排每年、每个月、每一周、每天要完成的任务；第三步，不断地回过头检查自己的任务完成情况。这其中为了完成任务，还可以适当地放弃一些与任务不相关的事情，当然前提是自愿放弃，不要强迫自己，此外这些事情一定是与任务无关的才行。最后，就是要延缓自己的满足感，自己乐意做眼前的这些事情，为的是实现长期的目标。

试着用这些方法去给自己的人生目标重新安排一下，很可能会有不少的收获。

找回的方式二：延缓自己的满足感

在提到实现有目的地计划安排的步骤时，最后一个步骤是延缓自己的满足感。或许有人要问，满足感也可以延缓吗？怎样去延缓呢？回答这个问题之前，先举个例子。美国著名的心理学家戈尔曼做过一个实验，这个实验看起来平常，却很说明问题。他找了一批4岁左右的孩子，做跟踪调查。他给每个孩子一块糖，告诉他们谁能等到他回来的时候再吃，就可以多吃一块。戈尔曼随后偷偷地观察这些孩子，有一部分孩子一会儿就忍不住把糖吃了；剩下的孩子始终在坚持，用各种办法，像做游戏、讲故事等拖延等待的时间，最后等到戈尔曼回来，得到了第二块糖。后来，戈尔曼还追踪了这批孩子14岁的时候和参加工作以后的表现情况，总结发现早吃糖的孩子在学习上，平均成绩远远落后于晚吃糖的孩子；参加工作后，晚吃糖的孩子也比早吃糖的孩子意志更坚强、更经得起挫折打击，成功的概率更高。

从戈尔曼这个实验的结果可以总结发现，急功近利的性格是成功的大忌。要想成就一番大成绩，就不能只为眼前的小利益所诱惑而停滞不前，要坚持走下去，坚持相信前面还有更多的机会在等待着自己，克服困难、坚持不懈，才能获得成就。戈尔曼把这两类孩子分别归类为冲动型和克制型。前者的性格比较冲动，对眼前的利益难以割舍，难以压抑即时得到满足的冲动，却也常常因为如此被挫折打击而丧失斗志，遇到压力则退缩慌乱、不知所措。这种人易怒，易与人争斗。而后者的性格特点就和前者正好相反，他们比较能克制自己的情绪，适应环境的能力强，他们在追求长远的目标时，能够压制自己即时满足的欲望，坚定积极地迎接挑战，不会轻易被压力击溃，或是乱了方寸，不轻言放弃。

这两种孩子的性格和延缓满足感有关系吗？事实上，克制型的孩子就已经做到了延缓满足感。当他们获得第一块糖时，他们遵守约定，并没有很快地把糖吃掉，而是尽可能拖延时间，等到戈尔曼回来后，他们最终获得了两块糖。这就是典型的延缓自己满足感的表现。如果人们不为小利所动，先解决棘手的事情，为的是将来更大的目标，这就是延缓满足感的人生态度。

行事稳重、心智成熟的人，一般都会延缓自己的满足感，这是经过长时间的磨炼后才习得的能力。急功近利或是贪图小便宜的人是不具备这样的能力的，可是当他们发现那些具备延缓满足感的人获得更大的利益时，总感觉不解："他到底哪里比我强呢？"说穿了，大家遇到的事情都一样，身处的环境也大同小异，最重要的差别就在于学会延缓满足感的人，他们不过表现得会比绝大多数人更有耐心一点——在急功近利的人看来这耐心也可能非常惊人。他们用这些别人不具备的耐心不动声色地承受更多的打击和挫折，最后轻松坦然地面对简单的问题，从而实现目标。

其实，生活中的每个人在完成每一项任务时，身边都好比有一颗甜甜的糖果在诱惑着，经不起诱惑的人很快就会把糖吃掉。真正冲着实际工作目的去的人呢，就要时时忍住不去吃它，等到所有困难都被排除以后，最后得到的或许已经不止是一块糖了。做到延缓满足感，不但需要坚强的意志力和道德感，使用属于自己的正确方法也会帮助自己抵制住诱惑，一路向前。

找回的方式三：告别"心理舒适区"

身体累了，会直不起腰板，心累了呢？心灵倦怠时也会有很多表现。心灵倦怠时，人总会感觉陷入很自我的状态，这种状态区域里只有自己一个人，并感到无限的舒适，通常心理学上把这种状态称之为"心理舒适区"。每个人的精神状态上都有这么个区域，用于存放倦怠后的自己。在这个区域里，人们封闭着自己，不愿意被他人打扰，不愿意被陌生人接近，不听他人的意见，不按照常规做事，不主动去关心别人，等等，只剩下自己一个人，舒舒服服地享受一种自由舒适的状态。千万别被这样的舒适给欺骗了，那不是健康正常的状态，相反"心理舒适区"是健康精神状态的大忌。

有很多年轻人会认为陷入"心理舒适区"极有个性，自然而然地理解并欣赏这种状态。可是一到工作当中，就会明白，持续让自己待在"心理舒适区"里，一定是危险的，慢慢地，没有人会去关注自己，甚至被大多数人遗忘；压力之下，没有人会主动对自己伸出援手，只能自己排遣压力，久而久之，人就会变得郁郁寡欢，那就不是从前认为的"酷"了，而是一种被孤立的危险信号。不要为了装酷而久久地陷在"心理舒适区"里不肯出来了，工作中需要的是心智成熟的自己，这样才能更好更快地处理好业务和人与人之间的关系。

仔细观察日常生活中，处在"心理舒适区"的人群和走出"心理舒适区"的人群表现存在着不小的差异。会议上，停留在"心理舒适区"的人对于领导的话和上级交代的任务总是消极应付，即便接受了任务，也通常只是就事论事，从不会关心一点，多做一点。而态度积极的人，接受了领导交代的任务后，不但会全身心地投入其中，更会在适当的时候创造性地提出自己的看法和见解。他们会很快把手头的任务完成，等待领导的检验，并随时接受他人的批评。

与人交往方面，前者往往不会去关心身边来的新同事，只管自己的事。后者的做法则是向新同事大大方方地介绍自己，并不断地增进了解。

聚会上，前者的做法是自己不主动发言，总在别人发言之后私下评论，整个聚会结束以后，也没有人认识他们，还可能根本没有意识到这些人的存在。后者的做法则和前者有很大的区别，他们勇于向聚会上的人介绍自己，并同他们攀谈，增进了解。

从以上几种场合中的表现分析表明，走出"心理舒适区"的人善于和不同身份的人进行沟通。他们不是那种只和对自己影响大的人交往，却对身边其他人极其冷漠的人，也不是只和上级领导保持良好关系，却跟其他同事关系平平的那种人，更不是那种羞于与陌生人交往的人。

离开所谓的"心理舒适区"，别总考虑自己安逸，那种安逸给自己带来的只会是接下来无尽的孤独和烦躁。如果想要得到真正的快乐，就大胆地走出来，不迈出那崭新的一步就永远没有新的可能性啊！

找回的方式四：保持开放的心态

思想决定行动，行动要实现好的结果，就必须控制自己的思想。每天每个人的思想都在发生着这样那样的变化，有很多新鲜事物输入，又有很多陈旧的东西被淘汰，输出输入保持着相对的平衡。如果输入的东西被严格"审查"过、过滤过，留下了积极的、健康的、催人向上的、鼓舞人心的部分，就能一直保持正面积极的力量，也才能正面地指导人的行为举止。既然如此，如果想做积极的自己，就要做一个求新向上的人，把自己想象成一块海绵，对新鲜的、积极向上的观念时时刻刻保持敏感，无论这些观念在哪里，都要毫不犹豫地吸收，并让自己适应它。毕竟，这世界上没有哪一条道理是放之四海而皆准的，必须博采众长，时时更新，才能尽善尽美。

人们要做什么，首先要有思想的指引，具体点说，就是首先要知道想要什么、想做什么、想达到什么目的，才会有行动，不然即便有行动，也都是些无意义的行为。思想除了认识以外，它还会给出做事的方法，还会控制影响行为的情绪，最后还会衡量事情完成后的结果。控制思想是掌握自身一举一动的关键。眼下，一切事物都处在快速的变化中，思想停留在某一个阶段，缺乏活力的话，人的行为也会有很大的局限，势必无法适应变化中的环境。事实上，外在的变化也指出了内心世界变迁的必要性，外界的新鲜事物给人们的内心世界带来了丰富自己的诸多契机，精神上自觉的人会以各种方式去汲取自己所需要的营养，给自己的思想注入新鲜的营养元素，这样的人身上会时时散发活力。

没有人会拒绝成为一个看起来活力四射的人，也就是说，每个人本质上都可以做到，检讨自己过去的想法和观念，拓展思考区域，发现新观念、新感觉。只不过，有人认定了自己是"失败者"，无论如何都是失败，无论思想再有什么变化，遇到多好的机会，做了多少的努力，都注定是失败，他们因此会失去在新的领域里思考的动力和时机。而这种认定了自己"坏运气"缠身的人，是自己亲手扼杀了自己成为一个有活力的人的机会。

思想的开放除了让人看起来充满活力外，还是塑造个性的重要因素。对外界心态开放、思想解放的人，总能吸收来自四面八方的新鲜观念，再经过大脑的过滤和整合，形成自己独特的观点和看法，这是个性的直接来源。这样一来，行事也有了自己的风格，在他人看来这就是个充满个性思维和个性主张的人。思想原本就是行为的动力，别因为思想守旧而束缚住自己的手脚，不能够解放自己思想的人，会失去让自己活力四射的好机会。幸运和成功总是垂青敢于接受新鲜事物、新挑战的人，他们会获得比他人更多的机会。新的挑战就像一股强大的力量，源源不断地挖掘个人的潜力、创造力，让人散发出无尽的个人魅力。

找回的方式五：保持归零的心态

人要有"归零"的心态，适时地把自己的心态清空了，进入新的领域重新开始。归零的心态意味着一切从零开始。或许有人会问，经验的积累不是件很好的事情吗？为什么要清零呢？人们总会发现，类似的一系列问题，第一次成功解决要比此后的每一次成功难度小得多，关键是自己没有及时归零。就像世上没有两个完全相同的鸡蛋一样，人们遇到的问题也不可能是一模一样的，如果不及时把自己的心态清零，让自己的所有能力根据情况的需要再次有效组合，以一种新的姿态去面对，就会有不少障碍存在。就算是完完全全相同的问题，由于环境的变化、人的变化，还想当然地用从前的办法是不一定能够奏效的。持有归零的心态，就能在每一次面对相同或是相似的问题时，还能保持第一次的心态，依据问题的实际情况来分析解决，解决问题的效率会更高一些。生活就是不断地重新再来，是由无数个新鲜的开始构成的。重点在于自己的角度，如果总把自己放在最低点，丢掉过去的包袱，迎接新的挑战，这样人生才有持续的发展，因为每一次的从头开始都可以学到新的技巧和新的知识。

人的一生就仿佛是一次又一次地把杯子里原来的东西倒空，再重新倒上新的东西。倒空等于把过去的观念和知识体系清空，为站在另一个起点作准备。随后倒上新的东西，再次填满，这又是个新的学习和提升的过程。人生就是在一次次腾空和一次次填满中进步。别担心杯子倒空了以后就没有新东西再去填满，知识和智慧总是无穷尽的，而生命本身是有限的。也别自以为是地认为填满的杯子就永远是完美的，旧事物很快就会被变化的社会所遗忘，试着去尝尝新鲜的饮料，首先要做的是忘掉旧饮料的味道。智慧的人生拥有属于自己的智慧贮水库，在适当的时候不忘把杯内的水倒入水库中，腾空自己的杯子随时做好接受新事物的准备。人生的方方面面，哪一面不是如此！

有一位很有名的禅师，他经常接待一些前来向他问禅的当地名人。一天，一个当地的名人在向他问禅时，喋喋不休，禅师则一言不发，默默听他说，一边还在以茶相待。他一直往来宾的杯子里注入茶水，满了也不停下来，而是继续倒。这位名人眼看着禅师倒的茶水已经溢出了杯子，连忙制止道："不能再倒了，都满出来了。"听了他的话后，禅师说："你和这杯子一样，不停地发表自己的想法和观点。你都不愿意停下来把自己心里的杯子掏空，我怎么对你说禅呢？"这个充满禅意的"空杯心态"的故事被很多知名的企业家奉为座右铭，他们认为"空杯心态"与个人修养和企业精神有很大的关系。在他们看来，一个业已成功的人若是不能清空归零，就不能及时修身锤炼自己，就容易自满，他们的心里只装着大大的自己，却把世界看得十分渺小。正确的做法，应当是把自己清空，看成一个小小的自己，在大大的世界里创造更高的成就。

尽管大多数人不是企业家，但这种精神是适用于很多领域的。无论是工作、生活还是学习，都要学会清空自己，其实说白了也是种放弃，此时放弃的越多，重新收获的也就越多；放的姿态越低，杯子里盛的东西就可能会越多。如果坚持不愿放手，那就无法重塑自己。学会倒掉已经盛满的，忘记曾经做过什么、拥有过什么，让自己的心灵来一次彻底的重生。

人的一辈子要经历幼年时的单纯向往、青年时的激昂奋进、中年时的淡定从容等不同的阶段，每一个阶段尽管磕磕碰碰，但沿途都有属于自己的别样的风景。风景固然令人留恋，如果长久驻足于此，难免不会被时间给抛下，等到老去时，风景已经成了梦魇，此时的自己却只是两手空空。原本想留住过去，却不曾想过去已然过去，现在没给自己留下什么可贵的东西。这是自己错过了机会，没有及时地走出去，来迎接现在，自己的脚步被往事所羁绊，就仿佛是盛满了的杯子没有倒空，只能看着其中的液体随时光的流逝慢慢蒸发，而新鲜的液体也并没有保留。何苦如此，人的每一个阶段都有的新的液体和新的物质在等待自己的生命去吸收溶解，平和淡定地去看待过往，适应眼下的环境，接受当前的挑战，人生各阶段可以处处都是风景。

归零心态，也是另一种层面上的谦和。归零，一切重新开始，就等于要求每个人都在自己平凡的岗位上做好本职工作，兢兢业业，磨炼自己。而远大的志向首先就要从做好本职工作开始，一步一步扎实地走才能是重新开始的正确姿态。

找回的方式六：进行健康的冒险

冒险对很多人来说并不容易。有人会认为冒险太危险。冒险不一定是去做一些极度危险的事情，也可以是自己从来没有做过的一些小事，只因为结果很难预料，才称之为冒险。事实上能找到一种让自己经常接受健康冒险的方法，生活会在不断的冒险中变得更加有意义。它会让自己对自己从来没接触过的东西产生兴趣，认识到世界上更多的乐趣所在，丰富自己的人生阅历，增长知识。总之，一切和尝试冒险有关的东西都可以让人变得充实。

当然，不可否认的是，无论哪一种冒险都还是有"险"的成分存在，这里说的"险"是风险。每一项任务都是机遇和挑战并存的，换句话说也就是有一定的风险。冒险不是无条件的盲干瞎干，它需要在风险中牢牢地抓住机遇，用自己的聪明才智去创造成功。因此，人们总说要成功不能有勇无谋，也不能有谋无勇，只有把"胆"和"识"结合起来，成功才会降临。要不然，有勇无谋的是莽夫，行事莽撞，而有谋无勇的就更没用了，那是典型的懦夫。成功者的事业必然有风险，只不过成功者善于在有风险的行业中，与风险拼搏一生，抓住属于他们的机遇，勇闯成功的大门。

廉·丹佛说过："冒险意味着充分地生活。一旦你明白它将带给你多么大的幸福和快乐，你就会愿意开始这次旅行。"在健康的冒险中，人的能力会最大限度地得到释放，不要总是谨慎，甘于平庸是品尝不到生活的很多乐趣的。适当地给自己一点儿挑战，多一点儿风险，人生在这样的过程中会体会到前所未有的成就和自信，实现自我就从冒险挑战开始。明朝著名的地理学家、旅行家和探险家徐霞客，祖上书香门第，但他的父亲一生不愿为官，喜欢到处游览山水景观。徐霞客在父亲的影响下，从小就喜爱阅读历史、地理类的书籍，立志要走遍祖国的名山大川。15岁应童子试不及第后，父亲便不再勉强徐霞客应试，而是让他在自家的万卷楼里饱览各类书籍，了解祖国各地风情。22岁那年，徐霞客决定远行出去拜访各地的壮丽山河，在母亲的支持下，走出了家门，开始了他长达34年的旅行生涯。

徐霞客在没有任何政府或组织资助的情况下，先后走遍了江苏、安徽等 16 个省，东到普陀山，西到云南的腾冲，南到广西南宁一带，北到河北蓟县的盘山。足迹踏遍了大半个中国。更可贵的是，在长达 34 年的旅行考察中，无论在什么地方，徐霞客都主要靠徒步跋涉，还要背着自己重重的行李赶路，骑马乘船的机会很少。他所寻访的地方大多都是荒凉的边野山村、穷乡僻壤，或是人迹罕至的边疆地区，这些地方自然环境都极其恶劣，极其考验人的意志。徐霞客在旅途中不畏风雨，不怕虎狼，与长风为伍，与云雾为伴，以野果充饥，以清泉解渴。好几次自己的生命都受到了威胁，但他仍旧坚持自己的旅行，几乎是尝尽了旅途的辛劳。

多年在外行走，徐霞客养成了一个习惯，无论跋涉了一天多么辛苦、多么疲劳，晚上休息之前都会把一天的考察探险经历记录下来。林林总总，30 多年记下来的文字材料多达 240 万字，可惜现在大多都遗失了。有一部分经过后人的整理成册，这就是现在大家都很熟悉的《徐霞客游记》。这部书多达 60 万字，被后人誉为是融合了科学和文学的奇书，它为后人展示了徐霞客一生探访各地的考察纪实，描绘了诸多边疆山川的地理风貌。

徐霞客的一生在旅行中度过，充满了冒险和探索的意味。他挑战了自然的极限和自己的身体极限，全身心地投入探访祖国名山大川的事业当中。尽管在这一过程中他体会了众多常人难以想象的困难，曾经面临过各种危险，但他凭借着自己的勇气、智慧和意志坚持了 30 多年，完成了对各地地理风貌的调查和考察，亲身实地体验各地的风土人情，写下了数百万字的纪实游记，他的人生因为冒险而变得辉煌无比。

有人说没有冒险就没有名人，事实确实如此。没有勇气去向自己发出挑战是无法清楚地了解自己还有多少潜力可以挖掘，不知道世界上还有哪些人生路上的风景等着自己去发觉。人生有很多的机会等待着人们，未来尽管还在迷雾里，只是微微露出了一点它的轮廓，那就向它进发吧，即便是坎坷的山路，即便有不明的沼泽，即便还有其他的危险，但奔着未来的冒险，是让自己有限的人生体会成功和幸福的最好方式。

第十一章 ／ 提升逆商：让困境成为人生进阶的机会

　　每个人与困境的对抗都必然伴随着痛苦，有的人在痛苦中放弃，有的人则在痛苦中成功蜕变。与困境的对抗考验一个人的毅力，避免在相同的困境中重蹈覆辙则考验一个人的智慧。直面困境，不被困境击败，从困境中吸纳经验，是内心强大的人对待困境的态度。逃避从来都不是好的解决方案，你可以放声大哭，但哭完以后记得好好思考自己的人生。

提升的方式一：选择成为解决问题的人

　　"只要功夫深，铁杵磨成针。"没有什么是不能解决的，所谓的"解决不了"其实都是一时的问题。只要愿意努力，以一种积极的态度去对待出现的问题，不管多么棘手的问题都不可能永远是拦路虎。"世上无难事，只怕有心人"，坚持不懈地寻找问题的答案，结果就会出现。总而言之，没有解决不了的问题，只有解决不了问题的人。

　　美国作家埃尔德里奇·克里佛说过一句话："你不能解决问题，你就会成为问题。"确实如此，仔细回想自己解决不了的那些问题，有哪个不是因为自己放弃努力而最终得不到解决的？多数情况下，为了逃避责任，或是恐惧不确定性，自己放弃了选择的机会。推脱其他因素只不过是自己内心的不安造成的，总是觉得是其他因素在影响自己的选择，在干扰自己的决定，而真正的问题在自己身上。由于自己不信任自己解决问题的能力，并害怕由此产生的无助感会羁绊自己，所以先是放弃对自己的信心，随后又放弃解决问题的机会。

人生路是靠着内心的地图的指引一步一步前行，可当自己刚刚来到这个世界的时候，对世界还是一片迷茫时，其实是并没有地图的。人生旅途伊始，每个人都需要一个明确的方向，去往哪里、怎么去等问题都在等待解决，这就需要有张和现实相符，可以指引自己的心灵地图。在不断前行的过程中，人的内心世界就根据自己的特点，与现实世界一步步协调，最终确定了自己的位置，确立了未来的目标，并准确地画出了自己的地图。一切的一切，都是自己操作的，都是在自己的决定和选择中实现的。自己才是描绘和修订自己人生地图、解决问题的决定性力量。

传说自然界中寿命最长的鸟类是鹰，它们可以奇迹般地活到 70 岁，这远远超过世界上的其他绝大多数动物。但是大部分的鹰在 40 岁时就会死亡，只有一小部分的鹰，大概 30% 的鹰可以活到如此高龄，这是为什么呢？原因是，鹰的生理习性是活到 40 岁时喙和爪子会因为常年的捕食而变钝，变得不再如从前勇猛，对于往常的猎物来说，它已经失去了原有的威胁和杀伤力。这个时期的鹰可以有两个选择，一个是回到巢穴，慢慢等死，另一个就是通过 150 天的煎熬等待重生。而这里所说的煎熬就是艰难地飞到山崖的顶端，并在那里筑巢，然后忍着饥饿和疼痛在岩石上敲打自己的喙，再用新喙将旧爪子和旧羽毛拔掉，等待长出新爪子和新羽毛。等到过了这 150 天以后，就会重新获得 30 年的新生，再次翱翔天空。这就是鹰的选择。在自身能力受到严重局限，无法如从前一般勇猛时，它们所面临的问题与生死有关。生活中的人们所遇到的问题还不会生命攸关，如果只是为了有饭吃、有衣服穿，还能晒晒太阳的话，那么现在的生活就已经可以满足了，不需要再去花费那么多时间和精力去辛苦解决问题，关键在于自己已经放弃了解决问题的欲望。如果还有更高的期望，有了更长远的选择，那就需要再去忍受一个漫长而痛苦的过程。

从这个意义上讲，解决问题的关键点在于自己的意愿，有了意愿就可以立即付诸行动，懂得去改变自己，懂得去享受解决问题过程中的痛苦，勇于攀登，勇于等待和忍耐。

活着就是解决一个接着一个的问题，生活、感情、工作、学习等多方面，这就是生活本身，不是有句话这么说吗，日子就是一个问题叠着一个问题。有的人选择妥协，问题解决不了，自己还成了问题的一部分；有的人选择了解决，把日子过得有声有色。别忘了，这都是自己的选择！

提升的方式二：积极内省，向内反思成长

人们认识自己的唯一途径，就是内省。在适当的时候反省自己，能够帮助自己清醒地认识自己，不断根据环境的变化来正确地评价自己。"吾日三省吾身"，可见内省对人来说是多么的重要。常常内省的人，通过自我动机和行为举动的反思，可以克服自身不少缺陷，让自己进一步融入环境、适应环境，达到心理与环境的有机融合，完善自我心理健康

状态。内省可以净化心灵，把冗余的、负面的情绪清除出自己的内心世界，消除自卑、自满等消极情绪，重新整合自己的内心资源，培养良好的心理品质和成熟稳重的个性。

古希腊哲学家亚里士多德就说过，了解自己不仅很难，还很残酷。人们在面对其他人的问题时，进行客观的分析和评价并不难，难的是当自我反省时，很多人就做不到客观真实、不偏不倚了。所以要做到自省，要先做到超越自我，超越现实水平上的自我是自我反省的基本前提。超越了，才能站在一个高于自己的高度，去坦白诚实地面对自己。

人的一生经历的事情总有很多很多，不经过几番蜕变是到达不了成功的彼岸的。每一次的蜕变过程都是一个自我提升、自我完善和自我觉醒的过程。每一次蜕变后，自我认识都会有所提升，更清晰地认识到自己的优势和不足。随着自我认识、自我反省的不断深入，取得成功的概率也在不断提高。每个人都有善的一面，也有恶的一面，人是个矛盾统一体，只有通过一层一层深入的自我反省，才能扼制恶的一面占上风，扬长避短。

真正睿智豁达的人，总擅长在自己身上找出不足，不致一碰上事情就开始抱怨身边的人，他们知道内省能够帮助自己提升自己，而不是去做无谓的怨叹。作为普通人，时常反省一下自己的行为是每个人的必修功课。审视自己就好比是拿起一把解剖刀，剖开自己的思想，对准内心世界里的"毒瘤"毫不客气地割下去，再对内心世界做一个全面的清理工作，洗去那些留存在思想当中的"病变的斑点"。这些说起来容易，实际操作却需要很大的勇气。给自己的心灵动手术不但要有勇气，还要有技巧，要抱着一颗宽容的心去反省自己，稍不注意就会弄巧成拙，反省就会失去其原本的意义，沦为自责。

　　每个人身边都有些有这种毛病的人，或是挑剔，或是爱争执，或是好妒忌，或是粗暴等。显然，他们不是这个世界上唯一拥有这些毛病的人，可是为什么他们看起来总比别人不受欢迎呢？因为他们身上的缺点长年存在，无论什么时候都会发现他们有这样那样的毛病。这和他们的道德品质没有关系，之所以没有改掉缺点，是因为他们缺少自我反省的意识，对自身的缺点麻木不仁，不以为然。他们没有发现自己的缺点已经严重影响了他们的事业和人际关系了，忽略了周围环境对他们发出的警告信号，还在用从前的方式生活着。缺乏自省的他们错失了大量的成长机会，他们总不受人欢迎的原因就在于此。其实，诚实坦白地去面对自己，虽然痛苦但是有助于自己成长。人不可能尽善尽美，这不要紧，只要能知道自己的缺点所在，让自己慢慢成长，也是难能可贵的。成功者不在于创造了多少成就，而在于他勇于拿起解剖刀来解剖自己，改造自己，升华自己，实现自我超越。

　　内省的重点除了勇于正视自己以外，还需要重新发现自己的优缺点。一个人在社会中，认识自我的目的就在于发觉自己的优势和不足。每个人都有自己独特的个性和长处，把握了这一点才能有针对性地设计自己的未来，掌控自身未来的走向，扬长避短，最后通过不懈的努力争取成功。自信源于自我反省，只要懂得了自身潜能的存在，就可以相信自己一定能行。

　　一个人的前程和命运会因为自省是否得当受到很大的影响。有些人可能智力平庸，没有那么多智慧和能力，但他勤于反省自己，也能够取得伟大而杰出的成就。前面说过每个人那里都是一座宝藏，不在于宝藏有多少宝贝，而在于如何去把宝藏里的宝贝价值最大限度地展现出来。

　　每个人内省的程度决定了他思想的深度，也影响他人生的高度。自省是必要的，学会自省更是必要的。静心阅读，写下体会，反省自我无疑是其中最好的方式。

提升的方式三：不要轻易动摇信念

不同的人对信念的理解都不相同。信念是个有意思的词，它在词典里的解释也是多种多样，那么对不同的人而言，含义也就各异。有些人认为它只代表了心中对未来的某种坚持。但不管是什么，信念的作用谁都不会否认，特别是处于困境时，信念给予人的抚慰力量是巨大的。

总听到人们提到信念的"不可动摇"，信念是人们坚持下去的决心和动力的来源，人们必须对此深信不疑。这是信念的力量，也是坚持信念的基础。信念可以保持人们仅存的希望，相信眼前遭遇的一切都是有理由的，这段经历会给自己带来意想不到的收获。信念像是人生路上的明灯，指引着人们度过无比黑暗的时刻，坚定自己的信念才能把自己推上更高一层的境界。

有了信念的人，坚信来自更高层次的力量，即便是陷在最狂暴的混乱当中，也会十分平静，他们有耐心去度过这次危机，等待危机带来的人生转机。尤其是独自一人面对危机时，未来的不确定性常常给人带来无穷无尽的孤独感和恐惧感，这时就需要信念，信念背后的那个来自更高层次的力量，它可以拯救自己，让自己相信自己现在接受的每一次考验都是为了将来，然后安心地把自己交给更高层次的力量。

信念的力量强大，但多数人在困难接二连三地出现时，偶尔也会怀疑自己，怀疑信念的力量。所以说，要真正意义上把自己交给更高层次的力量也不是件易事。绝不要放弃信念，就如上文提过的，这是一个不值得去怀疑的命题，自己的选择绝不能动摇。想想，它曾经告诉自己，未来的路该怎么走，需要什么样的力量去达到未来的目标。这一路困难的出现是一种必然，只不过有的人经历的多一些，有的人经历的少一些，别去介意自己究竟经历了什么，一切困境过去以后，上帝的礼物就会随时到来。

当周围的一切都不可思议地倒塌的时候，很少还有人能坚守住自己的信念，颓丧会让他们彻底陷入不相信自己的怪圈当中。这么想显然不利于自己的健康和自己的坚持。如果不能坚持，就等于在刻意抵制和排斥信念给人们的希望，错失了上帝赐予的眷顾。因此，尽管现在的自己还不知道将来有什么会到来，也不太能理解事情为什么会这样发展，但不用怕，只要坚持，时间会证明一切。

提升的方式四：不要惧怕犯错

"人非圣贤，孰能无过？"若是因为一点点小小的过错，就不再宽恕自己，不再接受自己的形象，就真的有些悲哀了。宽恕自己是为了接受自己，不因此而否定自己，给自己继续下去的理由。

很多人习惯了在生活中宽恕他人，却对自己的错误抓住不放，总不肯原谅自己。其实，只要不触及原则问题，宽容自己是一种机智的表现。自己遇到挫折，总在挫折中责备自己的人是不明智的，真正有大智慧的人是会把挫折带来的疼痛感"不分青红皂白"地踢出去，宽恕了自己的错误，才能多给自己一点机会去尝试其他可能。若是不宽容的话，那么自己就再也没有机会了，自己就会彻底地被自己打倒。

别忘了，只有真正去包容自己错误的人，才可能宽恕别人的错误。那些成天把宽恕别人挂在嘴边的人，不是真正的宽恕，而是给自己一个借口，给他人一个台阶罢了，实际上他们的心里始终放不下这些错误，他们习惯作茧自缚，常为这些错误带来的负面情绪所累，最后只能是身心疲累，找不到自己做人的乐趣。责备自己固然重要，但始终要把握一个度，而不是抓到一个错误，就把从前的不满大书特书，这完全没有必要。

再说，人的一生有顺境，也有逆境，谁能保证自己在不同的环境中都能不犯错？如此长的人生道路上，顺风顺水的人几乎不存在，何况这些错误也不全是糟糕的，很多时候，逆境中的挫折和困难是在合适的时间里给人们及时提个醒。跌倒了就在原来的地方爬起来，没什么可怕的，勇敢站起来的那一刹那，就是放下对自己的错误责备的那一刹那。

宽容自己，给自己准备好理解的空间。过不去的沟沟坎坎，只不过是自己不愿意过去，因为自己还栽在其中，未原谅自己的错误。站起来坦然去面对这次跌倒，才能看到明天。想想，有谁会喜欢和过去的错误纠缠不清的人，宽容的人容易打开自己的内心去包容自己或是他人，这样的人才更受欢迎。宽容的态度就仿佛一块强力的磁铁，吸引着来自四面八方的宽容心。

犯了错误，最重要的事情不是去追究错误是如何发生的，而是宽容一次错误，"知错能改，善莫大焉"。为了自己的未来，退一步，原谅自己。

提升的方式五：跌倒的时候更要肯定自己

犯错时要接纳自己，遇到挫折跌倒了，更要肯定这时处于弱势的自己。站起来，哪怕只有一线希望，也是为了继续努力和奋斗，若是不再站起来，那么再好的未来都是天方夜谭。别去惧怕跌倒，不管栽倒得多惨，都给自己一个站起来的机会，肯定自己，有时候挺过去了你才会明白自己的坚强甚至超出了自己的想象。

常常听那些跌倒了站不起来的人说，站不起来是环境太恶劣，缺乏他人的帮助等，在他们眼里，自己的跌倒总是和周遭的人、事、物有莫大的关联。是否站得起来的决定性因素是自己，如果自己没有坚定的意志站起来，即便是顺境，即便有他人的帮助，也无济于事；如果自己坚定了要站起来的信念，环境再恶劣，也拦不住站起来的决心。命运在自己的手里，决定行为的选择权在于你的意志和观念，和别人、环境都没有太大的关系。

现实中的困境和艰难，是跌倒的直接原因，但跌倒的根本原因在于自己，在于自己对事物的看法，有时候转换一下自己的态度，困境和艰难就会变成敦促自己前进的动力。事情本身没有好坏之分，好坏都在自己的心中。1960 年，哈佛大学的罗森塔尔博士曾在加利福尼利亚州一所学校做过一个著名的实验。新学年伊始，罗森塔尔博士让校长叫来了本校的三位教师，并对他们说，学校从学生中特意挑出了最好的 100 名学生，组成三个班，这些学生的智商在学校都是名列前茅的，校长希望在未来的一个学年内这些学生可以取得更好的成绩。校长经过一番叮嘱之后，老师们都答应要让这些学生在新学年内成绩更上一层楼。一年之后，这三个班学生的成绩果然如老师承诺的那样，排在了整个学区的前列。此时校长才对三位老师说了实话，这100名学生并不是什么智商高的学生，而是随机在学校里挑出来的普通学生。结果和博士预想的一样，在预设这些学生是全校最好的学生的前提下，老师对教学充满了工作热情和自信心，教学成效自然要比平时好许多。

学生本身素质的优劣显然与教学成果之间没有必然的关联，关键是这三位教师得到了肯定，他们认为自己被学校委以重任，自然是穷尽自己的教学能力去进行教学。这说明，好坏其实只存在于自己的心中，认同了自己，肯定了自己的优点，就等于成功了一半。

肯定自己说来容易，但并不是每个人都可以做到的，尤其是在受到挫折打击之时。其实这个时候比任何一个时候都需要肯定自己，因为只有它可以赋予自己自信和希望。所谓"过犹不及"，肯定自己不是盲目地吹嘘自己，盲目地吹捧自己只是在麻醉自己的精神世界，误以为自己已是完美的，也不是件好事。

肯定自己需要一点小技巧。面对流言蜚语时，记得把自己隔离起来；面对孤单寂寞时，给自己一点开心的笑；面对生气愤怒时，大声呼喊发泄怒气；面对朋友离去的痛苦时，想办法去挽留朋友，或者结交新的朋友；面对挫折时，要会给自己加油打气。这些小技巧都是把肯定自己落实在具体事情中的表现。

肯定自己的人，孤独的人会拥有自己的知心朋友，沉默自闭的人也会走入他人的视野里。这都说明，肯定自己的人才会超越自己。

提升的方式六：学会给予自己希望

　　人一辈子要经历的事情数都数不清，人们预测不了它们在什么时候会出现，究竟是一起出现，还是分别出现。这些都是难以预料、不可控的。但有一点是可控的，那就是自己。人们常劝说自己去适应环境，而不是让环境适应自己，也是这个意思。既然世事难料，那不如好好地把握自己；无法预知未来，那就做好现在，做好自己；阻止不了变化，那就调整自己。所以，做好现在，保留自己的希望，生活也可以顺顺利利。

　　有了希望就等于有了一切，它会影响人们对待人生的态度，也将是人们走向成功的关键要素。一个陷入恐惧中的人，自我怀疑会降低他的竞争力和自信感，但假设他是个内心充满希望的人，无疑希望这个正面积极的力量能够帮助增强个人的能量，用以对抗恐惧。一个面临接踵而来的困难的人，挫折会挫伤他的战斗力，但假设他是个心怀希望的人，他决不轻言放弃，他会用自己的希望去战胜困难。可见，个人的人生观会因为希望的存在而充满向成功迈进的斗志。坚定的追求者心中永远都燃烧着希望，希望指引着他们战胜艰难险阻，大步向成功迈进。

　　2008 年汶川大地震中，有多少被掩埋在废墟底下的人们靠着自己内心对生的希望，最终被救援人员救了出来。被救出来的有的甚至都已经被掩埋了超过 100 个小时。对于地震救援来说，72 个小时是黄金救援时间，超过这个时间，生命存活的概率就变小。但生的希望让这些徘徊于生与死边缘的人们，凭借着这股力量会在这个时候创造不可思议的生命奇迹。

希望究竟是什么？为什么它会有如此惊人的力量？其实希望就是一种坚定个人的信念和激发生命潜能的东西，每个人都可以在不同的阶段给自己不同的希望。给自己一个希望，就等于给自己的信心加码，给自己打气。在有限的生命中，有了希望，就有了生命的激情。

日常生活中，怎样才能给自己希望呢？试试下面的做法吧。

（1）和比自己优秀的人接触、相处。

（2）每天坚持用一点时间去思考和反思。

（3）明白组织共识是何等的重要。

（4）别忘了送人礼物，哪怕礼轻，却情意重。

（5）诚实守信，言行一致。

（6）遇事要有忧患意识。

（7）失败后要及时总结经验教训。

（8）智慧是成功的重要因素，而智慧是知识、经验和思考三者结合的产物。

（9）成功靠的是"活到老，学到老"。

（10）成功的秘诀是坚持了什么。

（11）但凡做一件事情，都要有个期限。

（12）人无远虑，必有近忧。

（13）在建立关系这件事上，耐力和毅力是必要的。

（14）好好研究一下自己行业里的顶尖人物。

（15）无论做什么，心动不如立即行动。

（16）及时改正自己的坏毛病。

（17）绝不轻言放弃。

（18）严于律己，才是开启成功的钥匙。

（19）做人要诚恳，要感恩，也要诚实。

（20）推销自己是成功者必备的条件。

（21）说服是传递信心、转移情绪的方式。

（22）要学会随时随地和身边的人交朋友。

（23）始终不忘对自己说："我是最棒的。"

（24）每个月收入的一半必须存起来。

（25）培养和增强幽默感。

（26）学会影响有影响力的人。

（27）找出恐惧的根源，克服恐惧。

希望是属于自己的，活在希望里的人才幸福、才自在，他能够发现精神上的安宁，追求最高的自我价值，并为实现价值而奋斗追求，而不是只在恪守刻板的教条中求生活。不要随随便便放弃心中的希望，告诉自己未来的路还要继续走。

提升的方式七：慎重做出每一项选择

每天，人们从起床睁眼开始，就开始选择：穿哪套衣服出门？出门是坐公车还是乘地铁？午餐要吃汉堡还是吃中餐？工作是要卖力点还是得过且过？一天就在这接连不断的选择中度过了，一日如此，两日如此，一生也就是一个接着一个选择串联的过程。

人人都要选择，选择的决定权在自己的手里，没人能为自己作出决定，只有自主选择自己的路，明确自己要走的路，随后的一个又一个选择也依旧要由自己来做。心理学家早就说过，一个人思考和选择的结果决定他会成为什么样的人。而一个人做什么样的选择，源自内心的观念。简单地说，观念决定了人们的选择，选择又注定了人生的走向。

人生的任何一次选择都是自己做出的，选择决定了自己要走的路，也必须接受选择带来的所有结果。今天的生活可能是三年前的某一个决定造成的，而今天的某一个决定又可能决定三年后的状态。这些决定来自于观念给出的是非得失判断，所以选择的改变源自观念的改变。所有正确的选择无不来源于自己积极的观念。选择在于自己，观念更是在于自己。人是可以掌握自己的前途和命运的，如果自己希望未来生活得更快乐、更幸福，而现在的工作和生活状态给不了自己快乐的感觉，那完全可以放弃这份工作，选择新的工作，选择自己喜欢的生活状态，走自己喜欢走的路。如果希望自己的身体更健康，就选择一段固定的时间去运动，若是推脱自己没有时间运动，那么不健康的身体也是自己选择的结果，也要接受。如果希望家庭幸福美满，而自己总是选择与爱人吵架，那是不可能走到幸福的终点的。一切和自己相关的事情，决定权都掌握在自己的手里，别去责怪身边的环境和他人给了自己多大的压力，没有自己的观念指引，一切都是不可能发生的。

有这样一个故事。一座山上有两块几乎一模一样的石头，待遇却截然不同，一块受人膜拜，另一块则遭人唾弃。后者见到前者的待遇心中产生了不平衡，它禁不住问前者为何两者的待遇差别如此之大。受到膜拜的那块石头告诉它：“几年前，有一位雕刻家要在你身上雕刻，但你因为怕疼只希望他简单雕刻一下就好，而我的决定与你不同，我忍住了疼，任凭雕刻家在我身上一道道地雕刻，这才有了今天的不同。”差异是自己的选择造成的，不同的境遇来自于对不同观念的选择。选择了简单雕刻的石头，缺少了艺术性，自然不受人待见，而另一块在雕刻家的妙手下焕发了另一种光彩，对于这样的艺术品，获得了人们的敬仰和膜拜。人生的选择和这两块石头的选择本质是一样的。选择了平平淡淡的一生，就要平静地接受平凡的一切。而不甘于平淡的人，就请给自己一次选择光辉灿烂的机会，那等于选择了奋斗，选择了坚持，选择了一段段并不平坦的路，也等于最后选择了成功。普通人不会做这样的选择，他们更愿意逃避理想，宁可选择平平淡淡的生活。

大家会发现，许多科学家并不是智商最高的人，许多富豪也不是最会赚钱的人，他们只不过是在合适的时间做了一个合适的选择，让自己的特长有了用武之地。而失败的人正好与之相反，他们做出的错误选择把他们拉进了人生的低谷，尽管他们的才能和智商都不逊于别人。

做选择并不难，难的是做出一个适合自己正确的选择。成功和失败固然与行事方式有很大的关系，但决定成功的关键因素应该是所做的决定，只有决定了，才会有行事的方式。

提升的方式八：苦中作乐才能享受生活

没有谁生来就可以从容地承受痛苦，而人生又不可能没有痛苦，困难和逆境是不可避免的，那么人就必须学会磨砺自己。人们常说要在苦中作乐，就是这个意思。没人愿意去接受困难的磨炼，但是如果知道这种磨炼不过是暂时的，是为了未来而准备的，那么这份苦也就不那么苦了，反倒会有一种动力，促使自己渡过难关。

人们在激励自己时，也时常告诉自己："磨难是人生的一笔财富。"正确对待生活中的磨难有很强的现实的意义。磨难不是什么好事，能扛得住的人不多，能在其中发现快乐的人更是少之又少。

英国前首相丘吉尔，在一次与朋友的聚会中遇见了著名的汽车商约翰·艾顿。约翰向丘吉尔回忆起了他的童年和他的过去。约翰出生在一个偏远的小镇，父母早逝，他是由姐姐辛苦带大的。姐姐出嫁后，他只好被寄养在舅舅家，舅舅和舅妈对他都很刻薄，在那么长的时间里，他几乎感受不到一丁点儿温暖。丘吉尔听完，惊讶地问："你以前怎么没有说起过呢？"约翰笑道："这没什么好说的，再说正在经历痛苦的人是没有权利去诉苦的。"沉默了一会儿，约翰又说："不过，我很满意我现在的状态，因为我所经历的磨难都成了我现在的财富。我可以很自豪地说我战胜了磨难并不再受苦，那时的磨难是一笔难得的财富。只有这样别人才不会认为你只是在诉苦，而是真心地认为你是个意志坚强且值得敬重的人。如果在经历磨难时，只会去祈求他人的怜悯或是乞讨，那磨难只会一直如影相随。"听了约翰的一番话之后，丘吉尔重新修订了他"热爱磨难"的人生信条。在自传中他提道："磨难，是财富还是屈辱？当你战胜了磨难时，它就是你的财富；可当磨难战胜了你时，它就是你的屈辱。"

生活中处处都有快乐，也处处都有磨难。既然如此，就学会去热爱生活，结束生活中的快乐和苦难。苦中作乐才是享受生活的真谛。

第十二章 ／ 别去想太多：过度思虑让生活更加糟糕

　　思考不是坏事，但别去做无谓的反复思虑。有很多事情本身就说不清道不明，过多思考这些事情，还希望得到答案那就实在没有必要了。或许，就算是思考了也别去在意，不然自己也会卷进一场没有价值、没有意义的恶性循环中去。通俗点儿说，这就是"胡思乱想"。人们总以为思考这些问题，为的是给这些问题做个了结，但结果却是把自己绕进了不愉快的往事中。其实，多给自己一点面对现实的机会，继续在未来的生活中，挑战自我，用行动来告别过去，这才是结束过去的最好办法。

过度思虑的危害一：滋生忧郁

　　反复思考自己的忧伤和不快，没什么好处。这样一来，自己抱怨自己的理由就变多了，自己反复思考自己的无所作为，连自己都会不喜欢自己。向身边的人抱怨自己受到了不公平的待遇，抱怨生活的悲惨，抱怨自己的无能，等等，抱怨久了，自己就不知不觉地被忧郁紧紧地捆住，不得动弹，只得在忧郁的情绪中渐渐沉沦。

　　过多思考的人，之所以容易让自己忧郁的原因有以下几方面：（1）

反复回想的时候，被想起的大多都是消极的事情。每想起一件这样的事情，就等于回忆一次不愉快的经历，自己又怎么能高兴得起来呢？（2）思考中提出的问题总是一些没有答案的问题，诸如"我怎么了""为什么是我"之类。这些永远没有答案的问题，由于迟迟找不到答案，无助和困惑就会让自己变得忧郁无比。（3）思考的人总是坐着思考，却没有任何的实际行动去解决实际问题，抱怨过后，问题犹在。（4）当自己陷入深思时，并非与世界隔离开。真实世界的问题还是在层出不穷地出现，没有解决实际问题。（5）由于想起的都是消极的事情，被强调的情绪就是无助感，而没有赋予自身力量，负面的效应就一再增强。反复思虑剥夺的是实际解决问题的能力，它无法给出合适的答案去面对这些问题，反而会让人疑虑不安。

人们认为，反复思虑有助于回顾过去，了解过去，总结过去，能从思考中明确为什么有些事情会发生；弄清楚了这些原因后，以往痛苦的事情就不再那么让人痛苦了，总结出的经验教训还能让自己避免再次重蹈覆辙。所以，人们喜欢用反复思虑的办法，去找到从前问题的症结所在，企图用这样的策略防止自己再犯相同的错误。这想法听起来似乎没什么问题，甚至给了反复思虑这种行为很多合理化的解释。那为什么还说反复思虑会导致忧郁呢？难道是上面说的这些目的不对吗？实际情况是，首先在反复思虑时，人们并不具有实现以上目的所需要的信息。即便自己想破了脑袋，也不可能知道所有人的想法，只不过一直在自己的想法和念头中打转。就算企图去了解别人对自己的看法以及别人对某事的看法，那也是片面的，有时候还可能是虚假的，因为谁都不可能充分确定别人的想法。其次，总结过去是为了更好地向前，而反复思虑只会把人困在从前的回忆当中。

　　真正能实现那些目的的应该是反思过去，而不是反复思虑，二者是不同的。反思过去是明智地回顾过去发生的事情，吸取从前的经验教训。反思对人们来说是有用的，它可以让人们从过去的经验总结中敏锐地判断未来，以便更好地自我纠正，不再重复犯错。而反复思虑则有很大的不同，虽然它也是回顾过去，但却从不思考未来，只在过去的回忆中打转，重复性地翻出从前的事情来，却没有任何实质性的结果。

　　反思和反复思虑不过是一线之隔，走过了就落入反复思虑的陷阱里。不愉快的事情被想起，引起人痛苦的困惑，此时，会想这些事情是否合情合理，怎样才能使这些事情看起来更合情合理。于是，人们就会一再地思考合情合理的问题，陷入一个无穷无尽的臆断循环当中，这便是反复思虑了。无意义且无答案的问题在头脑里反复地来来回回，但不管思考多久，都得不到自己想要得到的答案，困惑越多，忧虑越多，最后自己会被自己所绊住。这样的反复思虑几乎可以说是一点作用都没有，只是陷入忧郁的前兆。

　　当发现自己有反复思虑的倾向时，或是发现自己已经越过了反思的界限时，赶紧问问自己，这样反复做的结果究竟是利大于弊，还是弊大于利，自己又能从这种思虑中真正地获得什么，结果是变得更好了，还是变得更糟了。如果这全部的问题答案都是不利于自己的，请立即停止。

过度思虑的危害二：于解决问题无益

如果试图把眼前所遇到的问题解决了，就必须有有效的行动。在行动之前，必须摆脱毫无意义的反复思虑，因为反复思虑是解决不了问题的。

解决问题就从给自己定一些实际的目标开始吧。反复思虑的人常常会封闭自己，独自一人，把自己弄得精疲力竭。不如出去见见老朋友，或是结识一些新朋友，把关注点转移到现实生活中来，关注眼前的事情和周边的环境，或许自己就会多了许多解决实际问题的真实动力，而不是无助沮丧。

到现实生活中去试试自己的能力，列出需要解决的问题，一个一个解决，在解决的过程中，才能明白与其在脑海里和自己的过去作斗争，不如正儿八经地开始处理现实的问题，后者能让自己感受到不少的成就感和成功的愉悦。

当然，真正意义上的理想状态是完全改掉喜欢反复思虑的习惯，但可能对某些长期陷入思虑陷阱的人来说暂时有点困难。习惯是要一点点改变的——循序渐进地改变。或许自己在面对现实的问题时，一开始还会无法阻止关于过去的思想的侵入，如果无法彻底停止关于过去的思虑，当下自己可以做点什么，比如可以使用设定时间限制，给自己5分钟专属思考过去的时间，并告诉自己这5分钟用来给思考那些没用的问题，5分钟以后无论如何都要转移自己的注意力。试试这个办法，对刚刚开始尝试改掉反复思虑毛病的人来说是有帮助的。另外，还可以尝试另一种办法，把自己常常思虑的东西写下来。时间长了以后，就会发现原来思虑的东西一直都是那些，自己居然没有想过任何新的东西。这对自己改掉这毛病是有启发作用的。这说明反复思虑果然是"反复"的，大脑就像车轮一样总是碾过相同的痕迹，一遍一遍都是同样的陈年往事，同样的过去，同样的不快和痛苦，而且让人更感到意外的是，眼下的事情却一点进展都没有。这就是反复思虑，当人们充分认识它时，它显得那样的不足道。

改变的方式一：接纳自己的矛盾情绪

同一件事情，或者同一个人，在不同时间人们的看法和观点也不尽相同，这倒不是说人们的态度总是摇摆不定，很多因素是随着时间的推进、了解的不断加深才被认识到的，人们的看法也会因此发生一系列连锁的变化。另外，人是个复杂的生物，既有感性的一面，同时也有理性的一面。这种悖论是经常存在的，有人也把它称之为矛盾情绪。

正因为这种情绪上矛盾的存在，许多人开始怀疑自己的情绪，思考自己情绪的不确定性，还对这种情绪的不确定性也表示了不能容忍。在他们眼里，对待同一种事物只能允许自己有一种情绪，而不能是复杂情绪交织的，这对他们来说是不可思议的。因此，他们希望尽快地摆脱其中的一种感觉，只保留一种，这样才更安心，才能继续手头的事情，或是继续与某个人交往。实际情况都会如他们所愿吗？人与人之间的关系总是很复杂的，环境因素也是复杂的，即便是对自己，有的人也是既爱又恨，有时候喜欢自己，有时候却容不下自己。自己尚且如此，对于别人的情绪和感觉就更难只是单一的喜欢或是不喜欢了。再说，复杂的情感才能说明自己对他人或是环境有了很深的了解，正因为了解得清晰了，才能看到事物的不同面，自然而然就会产生不同的情感，这才符合客观现实的情况。

学会接受复杂、矛盾的情绪，是一个人成熟走向社会、步入稳定人际关系的重要标志。

始终坚持自己的情绪只能是单一的人，会有什么样的问题呢？他们会不能接受环境或是其他人任何的一点点可以激发相反情绪的表现，这是片面的一种表现，他们会主动去忽略一些东西，但结果是这些相反情绪的东西会越来越多，越来越无法被忽略掉，结果就是自己还是要劝说自己去接受那复杂的情感。一开始就接受自己矛盾的情绪的话，那么对于事物的复杂面就可以很轻易地把握，更有利于了解自己所处的环境，从这点上说，就可以减少陷入反复思虑陷阱的可能，岂不是一举两得？

改变的方式二：小心应对突然闯入的消极想法

人在反复思索时，有些过去和现在的消极想法也会闯入，要小心这些消极的想法。它们闯入后，人们的思绪就可以聚集在这些问题上，集中思考它、解决它，而把其他的一切都放在一边，顺理成章地就成了这些消极想法的奴隶。

如果采取的方法恰恰相反，尝试去坦然面对这些已经存在的消极问题，对其不再深究，那又会如何？就像对待自己的呼吸一样，顺其自然，既不顺从它的要求，也不去与它抗争，只是淡定从容礼貌而冷静地接受它，结果呢？想象一下，当消极的消息开始敲自己思想的大门时，如果对它说："请稍等一下，我在忙，我一会儿会回来的。"那么没过多久它还会继续如从前一样去敲门的。如果对它说："我知道你在那儿，对不起，我有我自己的生活。"结果会是不同的，它也许很快就被自己遗忘了，尽管它还在不停地敲击着自己思想的大门，但自己已经可以忽略它的存在，留给它的空间已经被自己排挤出去了，自己正在过着与它无关的生活。

心理学家一再劝说那些喜欢反复思虑的人，要走出那让人痛苦的苦思冥想。他们用自己的研究和试验来证明，在那种所谓的苦思冥想的状态下，人们企图获得什么，就有可能相应地在现实中失去什么。大脑在不停地为自己思考究竟是为什么，而对那些不公正、不确定却始终没有明确的答复。事实上，去思索不公正和不确定的原因并不是真正对自己好的一种表现，坦然地面对它们才是对自己有利。放弃因为不公正或是不确定而在头脑里的挣扎和抗争，去接受那些在自己看来不确定的结果，这样，才能向前看，过上正常的生活。

当消极的想法不自觉地出现时，可以采用上面提过的那些方式去避免让自己再次陷入反复思虑当中，渐渐去适应没有反复思虑的日子。只有改变反复思虑，摒弃自我失败感，把注意力转移到建立自信和创造力上，才能减轻忧郁情绪，让生活变得美好。让冥思苦想成为过去，把真正的能量都释放在行动上，转移到现在正在进行的事情上，用行动去证明自己活在当下，排除以往的所有消极的想法，坦然面对过去发生的一切，去追求真实的力所能及的生命目标。

总结上面提到的那些，其实就是心理学家经过反复论证而得出的一系列挑战由消极想法引起的反复思虑的问题，在这里罗列出来，供大家参考。

（1）有没有反复思虑的倾向，诸如在脑子里一遍遍重复消极想法的念头？

（2）反复思虑对个人生命的意义和价值是什么？

（3）反复思虑的危害是什么？它是否让人产生过焦虑和懊恼？

（4）是否意识到自己可以包容不确定性和接受自己与他人的矛盾情绪？

（5）为什么非要用反复思虑的方法去弄明白过去是怎么回事？是对现在的样子不够满意吗？经过反复思虑后，生活的样子会更好吗？

（6）反复思虑能起到解决从前问题的作用吗？生活中还有没有亟待解决的问题？

（7）如果停止不了反复思虑，能不能给它来个时间限制？

（8）反复思虑当中想到的事情是不是总是那些？

（9）个人的思维能不能从一件事情转向另一件事情？

（10）常常问自己，因为反复思虑失去过什么。

（11）置身思想之外观察一下，那些正在出现和正在消失的想法。

（12）有消极想法出现时，坦然面对它，继续自己的生活。

改变的方式三：放手过去，着眼前方

心理学家发现，人们之所以会常常落入反复思虑的陷阱，其主要原因在于，人们太需要去确定一些什么了，急切地想去知道过去到底发生了什么，为什么会发生这些事情。想要获知真相的迫切心情使得人们难以走出忧虑的阴影，他们会反复去重现过去的场景，企图找到一些蛛丝马迹，能够帮助他们解决他们所提出的问题。可惜事与愿违，反复回忆痛苦的事情只会让他们越陷越深。

人们面对过去常常会对自己说："我无法将其从我的脑海里抹去。"可是，事实是人们不是没有办法抹去，而是自己固执地坚持要把回忆像放电影一样，一遍又一遍地再次重放，不是它们不愿意离开，而是自己不愿意放手。所以，这些消极负面的东西就在自己脑海里挥之不去，人们反复咀嚼着这些苦涩的滋味，又怎么能走出忧虑呢？

过去的都过去了，如果过去都没有找到那些自己想要的答案的话，现在再重复去思考那些答案更是徒劳无功，确定不了事情为何会发生，发生了为何会那么糟糕，不如就放下，别再去想了。放下了一身轻松，苦思冥想换不来什么，不如不想，向前看，往前走才是正道。活在过去，等到当下也过成过去的话，那就追悔莫及了。何况，就算是知道了确切的原因，过去也都结束了，这些问题的答案也不会给未来生活带来更多的动力，知道了答案与帮助人们过好当下的生活似乎一点关系都没有，那为什么还要去苦苦追寻那所谓的答案呢？放手吧，放下那些苦苦纠缠自己的不快，快乐地生活才是人生的最终目的。

开车的人都知道，反复确认后视镜中的路，是不能到达目的地的。人还是要往前看，前方才是自己要走的路，后视镜的作用只不过是帮助前行得更顺畅而已。人生亦是如此，可以在适当的时候回头看，但不能总是回头看，却不看前方的路，忘掉过去发生过的事情，过好现在，去自己想去的地方。

改变的方式四：尝试转移注意力

反复思虑的事情颠来倒去就是那么一件事，试着去转移一下注意力，把自己的注意力集中到其他事情上去，感觉会比只在一件事上纠缠不清好一些。一段时间内注意力可能集中于一件事情上，但从长远来看，还有更多的事情等着自己去做，必须从某一件固定的事情上转移自己的注意力。

心理学家劝导喜欢反复思虑的人，尽可能地从一个定点把自己的关注力拯救出来、转移出来、去关注身边更多的人和事。就算是在一段时间里，注意力只能停留在某一件固定的事情上，也可以尽量把自己的关注点转移到眼前的事物上。心理学家让这些人从注意身边的小事物开始，练习他们的注意力和观察力，并企图通过这种观察方式来转移他们的注意力。经过试验，他们发现喜欢反复思虑的人开始观察身边的事物时，就会自觉不自觉地放弃反复思虑。因此，转移注意力对于摆脱反复思虑是卓有成效的。

喜欢反复思虑的人总爱说，自己在思考眼前的问题时，思绪总是会被反复思虑的毛病给打断。一旦中断，大脑又恢复到了从前的样子，又一次深入了对过去的反复沉思和探寻中去，始终无法摆脱，那种力量过于强大，以致靠自己的力量是无法抗衡的。事实真如他们所说的那样吗？心理学家经过研究发现，事情并非如他们所说的那样。任何一个人都可以转移自己的注意力，主动不去思考关于过去的东西，只着眼于眼前，可以去看看身边的美好景象，闻闻实实在在的味道，听听身边的声音，等等，它们都可能让人从反复思虑中转移注意力。不是不能摆脱，而是如何摆脱，注意力从过去转移到现在，反复思虑自然就会消失。事情就这么简单！

如果知道在反复思虑的时候，自己究竟错过了多少东西，应该就没有人愿意继续反复思虑了。给自己做个简单的试验。花两天的时间去反复思虑，随意挑选一件过去发生的不愉快的事情，想想曾经的遗憾、懊恼和各种其他的感受。必须保证在两天的时间里，自己必须弄清楚这件事到底是为什么、意味着什么，时时刻刻都要提醒自己要把答案给找出来。可想而知，这两天的时间内人的感受必然是压抑、无助，找不到问题的答案，却被过往的不愉快缠住了身心，还怎么能快乐呢？再问一下自己，这两天自己身边发生过什么其他的事情了吗？看看谁能够说得出，应该没人会去注意，因为时间都被花在回忆、关注不好的往事上了，他们既没时间也没精力去关心身边有什么变化，无论好坏，他们都错过了。听起来这两天是个痛苦的过程，可以想象，如果每天都如此，那这个痛苦的过程该有多长！这恰巧就是反复思虑带给人们的结果。

相反，如果也同样是两天的时间，人们关注的不是自己，而是敞开胸怀去关注外界，关注身边的人和事，结果又是怎样呢？当人们看到的不仅有事物的发展变化，还有自己生活的一些改变，人就不再绝望，而是对生活和生命充满希望和向往，因为人活着可以感受到的美好实在太多了，活在当下可以感知的事物也太多太多了。把自己从过去的不快当中解救出来，好好去注意和观察这个真实的世界，即便某方面不太完美，但会有日新月异不同的变化，而不是一再重复过去。

改变的方式五：打破固有的消极模式

生命并不是一条简单的直线，大部分人的生命都像棵树一样，想要开花就不能总待在一个固定的地方，必须进行移植。在人的成长过程中，有很多看不见的东西在一个个地变成习惯，然后由于"熟视无睹"被视为是最平常的事情，它们在不知不觉中禁锢着自己，禁锢住了自己有创意的想法，禁锢住了自己关于理想的憧憬，禁锢住了自己对自由的向往，认为自己就应该是现在的模样，只能向环境低头认命。说来说去，事情并不如此，之所以会有这样的想法，都是因为这些"习惯"引起的，这些"习惯"本来就不是什么习惯，只不过人们忽视了它们的存在，任凭它们来主宰人们的生命。或许有一天，当自己可以完全戒掉这些"习惯"，切断这些禁锢着自己的锁链后，就会发现人生除了习以为常的方式外，还有其他的选择。可以听从自己心灵自由的声音，当机立断，运用自己的能力，改变适应环境的方式，投入新的积极的领域中，去改变生活。

生活中，是选择勇敢地打破这些禁锢自己的枷锁，走出去追求成功和自由，还是选择静静等待，被束缚住被动低头认命呢？口头上做这么个选择不难，难就难在空有勇气，却不知道套在自己身上精神上的枷锁是什么。心理学家经过多年的研究分析后，总结归纳出了人们精神上的枷锁主要有以下几种：

（1）"注定会失败"。人们害怕失败，并不是害怕失败本身，怕是怕一旦失败，就会扼杀所有最初的动力。失败了，他们就会重复告诉自己："早知如此，何必当初！"这一刻，他们看不起自己，更看不清自己，因为他们眼里的自己已经是个无可挽回的失败者。世上的事是走不了回头路的，走出去了，即使失败也没有必要再哀叹后悔。所以当失败来临时，最有价值的做法是换换"脑筋"，摆脱"注定会失败"的观念，改变思想，或许事情还没有发展到所想的那么糟。不妨让自己冷静下来，好好跟自己谈谈。自己犯了错，但不是一无是处，全盘否定自己会在不经意中把自己的创新意识和其他能力也否定了，而此刻它们才是最值得珍惜的东西。失败后，失败已经成了过去，再去思考过去已经没有意义，多想想将来"我要成功"，多想想自己将会是个从失败中站起来的"成功者"，找到有效的克服失败达到成功的方法。这个"失败者"的枷锁就会被自主向上的情绪所打破，而自己的行为也将受到积极的情绪的影响而变得积极主动起来。

（2）"别人会怎样看"。在意别人的看法，本身这种做法并没有错，但是在面对失败和困境时，过分地把别人的看法强加于自己身上，那就是一种具有自我毁灭性的心理状态。可悲的是，这种现象还极为普遍，大多数人并不以为这是种错误的想法，反倒觉得他人的监督是增加动力的好方法。可是，他们都没发现自己在不经意间越来越在乎他人对自己的看法，到最后就把"别人"的想法变成一副强而有力的枷锁锁住了自己。它破坏人们的自信心，破坏人们的创造力，甚至使人缺乏动力，停滞不前。太过在意他人观点的人，真需要好好想想，其实没有谁是先知，别人对自己的批评也大多是"事后诸葛亮"，事情发生前他们也不知道结果会如何。所以，一定记住：走自己的路，让别人去说吧！

（3）"过去犯过错"。正所谓"一朝被蛇咬，十年怕井绳"，很多人都对相同的错误十分恐惧，错过几次以后，他们从此就畏手畏脚，不敢再做了。正确地面对以前错误的态度不应该是这样，对一位有志之士来说，从前犯下的错误并不可怕，应对它们持有正确的哲学态度，错误是为了促使其再求突破，再创佳绩。倘若你能将失败视作为成功而投入的资本，那么也就无损失可言了。不必太把"过去犯过错"放在心上，那是给自己的一次考验，经过这些考验后人才能成熟起来，才能学会很多东西。

（4）"一切为时已晚"。失败者还有一个错误的念头就是一切都无可挽回了，为时已晚了，只能对失败妥协。人人都产生过这样的念头，无论年龄、职业、性别，人人都觉得时机错过了。但其实什么是早、什么是晚，这本身就是个相对的观念，只要自己觉得不晚，就不存在"为时已晚"。相信自己，还有机会，重新再来永远都为时不晚。

心理学家总结出的这四大枷锁对我们的生活产生了极坏的影响，有的放矢地砍断这些枷锁，才能迎来积极的改变。

第十三章 ／ 做情绪的掌控者：拥有不失控的人生

你会不会常常因为一些很小的事情就暴跳如雷烦躁不安呢？是不是又不能很好地控制住自己的情绪呢？掌控情绪的能力决定了你对人的态度和对事的方式，只有能掌控情绪的人才能把握住自己的人生。了解情绪、掌控情绪从来都不是小问题，而是人生的大任务。做个情绪稳定的人，人生才会顺利、幸福。

调节的方式一：掌控情绪就是掌控健康

人类都有基本的情感需求，需要与人交流、与人交往、对人表达等，这都是情感交流的需要，这就像是身体的一种天然的反应一样。医学研究表明，人的情绪主要有5类：痛苦、愤怒、恐惧、快乐和爱。这些情绪几乎天天都会出现在人们的生活当中，与人们的身体休戚相关。因此，了解这些常见的情绪是十分必要的，了解它们就等于了解自己。情绪与生俱来，就仿佛影子一般如影随形，人们可以表达它、隐藏它，却抛弃不了它。它无时无处不在，它会影响人们的生活，谁要是掌控不了它们，那么它们就会在他的体内摆布他，人只能沦为情绪的奴隶。相反合理利用它们，在某种程度上可以让人们事半功倍。要知道，情绪在工作和生活中的助推力是超乎人们想象的。很多医学专家的研究结果表明，合理应用情绪对人的生理和心理健康有很大的帮助。合理驾驭自己的情绪，走近了解它们，不无裨益。

情绪和免疫力之间是有直接联系的。现代医学研究发现，一个情绪良好的人，他的生理机能就处在最佳状态，免疫系统也随之运行良好，身体免疫力达到最佳。因此，在医学家看来，身体的自我免疫要比其他药物免疫来得更为科学、更为有效。身体本身就是良医，85%的疾病都可以通过自身的免疫系统来自行调节治愈，不用过分依赖药物。心理学家还把这种情绪上的自我调节称作是"生命的指挥棒"。现实当中，有大量例子说明了情绪在战胜疾病方面有很大的成效，很多癌症患者就因为情绪不受疾病的影响，仍旧保持健康的心态，战胜了不治之症，创造了医学上的奇迹。相反，也有许多罹患重病的患者，由于在疾病面前畏惧死亡，精神状态极差，健康遭受不良情绪的严重影响；还有些原本健康的人因为不良情绪面和紧张恐惧而致病，这方面的例子屡见不鲜。譬如，现代交通拥挤的情况在大多数的城市里都不鲜见，大量的驾车者患有消化系统疾病，这就是由于堵车等交通拥堵情况而造成的情绪急躁带来的疾病。大家都应该有过这样的经历，当自己过度紧张的时候，有的人会想频繁地上卫生间，有的人会满脸通红而体温升高，有的人还会出现胃痛等症状。虽然各种症状不一，但都说明了长时间处于一种消极负面的情绪中的人，身体各方面的机能也会随之发生变化，而这种变化是人们无法预料的，它们很可能会突然以某种疾病的形式爆发出来，让人们措手不及。例如，有一项专门针对癌症的研究，调查了250名癌症患者发病前的情况，结果发现其中有156人在发病前都受过不同程度的精神打击。无数的事实证明，人是身心合一的，生理活动是心理活动的来源，同时，心理活动也在剧烈地影响着人们的生理变化。《黄帝内经》就指出："余知百病生于气者也，怒则气上，喜则气缓，悲则气消，恐则气下，寒则气收，炅则腠理开气泄，忧则气乱，劳则气耗，思则气结，九气不同，何病之生。"一句话，疾病源于怒气等不良情绪。

情绪是影响健康的重要因素，把握好情绪，用情绪促健康，这是每个希望人生过得健康美好的人都应该做到的。学会掌控情绪，就要学会给自己充电，让自己对生活、对世界有成熟的把握。这些都要依靠内心强烈的信念。坚持这个信念才能帮自己摆脱不健康的情绪，用勇敢、容忍的性格战胜困难。

掌握了自己的情绪就等于掌握了主宰生命的主动权，具体应该怎么做呢?

（1）重视心理保健。不良情绪缠身时，调节情绪是根本。"心病还需心药医。"消除情绪上的不健康因素，重视心理健康，自觉消除思想上的偏差，才能摒弃不良情绪的困扰。心理保健的目的在于保持一颗平常心，尤其是不顺心的时候，也要给自己创造一个良好的心理状态，才会赢得"健康人生"。

（2）勇于面对新生活，主动去体验不同的乐趣。生活的方式是多种多样的，可以是平淡如水，也可以是激荡奔放；可以是一个人的悠然自得，也可以是一大群人一起的快乐。总之，不论是哪一种，都让自己适当体验一下，这样就不容易因为不适应而产生情绪短路了。

（3）学会"难得糊涂"。"难得糊涂"不是真糊涂，是对那些无伤大雅的人和事"糊涂"待之。不必太去斤斤计较一些小事，谁是谁非，不去时时刻刻考虑自己的得失。大度对之，才不会有坏情绪影响自己。

（4）积极调控情绪。情绪要保证在一定的健康范畴当中，过分的高兴和过分的悲伤都不是健康的情绪，凡事过分就容易"物极必反"。这句古训就是在时时提醒我们，要注意情绪的适度原则，过于热情亢奋时，要主动给情绪降温；悲伤失落时，要提高自己的情绪热度。理智地调控自己的情绪，是合理利用健康情绪来改变人生的基础。

调节的方式二：定期检视自己的情绪状况

定期体检是为了确保身体处于健康状态。其实，情绪也需要体检，而且情绪定期体检的重要性毫不次于身体体检。影响身体健康的因素是复杂的，同样影响情绪的因素也是多种多样的。学习工作的顺利与否、生活的好坏、人际关系等大大小小的事情都会影响到情绪。只不过这些事情对情绪的影响程度不一，其中最为关键的是人的理想、信念。没有理想，或是信念不坚定的人，一点点的挫折和困难就会意志消沉；而对于人生理想崇高的人来说，挫折不过是人生道路上的小沟小坎，它们的存在是为了提醒自己更清醒地面对未来。定期给自己的情绪做一个全面的检测和分析，找出这些能够形成积极人生理想的因素，哪怕就只剩下了那么一点点儿，也可以用来培养自己的乐观心态。一旦不做体检的话，就发现不了它们，消极的情绪也许会越来越多，遮掩掉积极的部分。

和身体体检一样，没病也要去医院定期检查，情绪体检也是如此，就算没感觉到任何消极情绪出现，也要给自己定期做做分析。等到消极情绪已经盈满了整个心灵时，就一切为时过晚了。头疼医头、脚疼医脚的做法只能治标，不能治本。心情的健康体检是必要的功课。主动在一定的时间内给自己的心情进行全面检查，目的在于通过检查发现一些潜在的隐患，以便及早治疗和预防，对一点点消极因素都要防患于未然，将其扼杀在萌芽状态。合理的情绪体检，要注意以下几点：

（1）别等到坏情绪蔓延时才开始检查；

（2）认真对待体检，不能敷衍了事；

（3）虚心接受体检报告。

相比于身体的健康体检，情绪体检还有些自己独特的地方，它可以不用去医院，每个人在家里都可以自行检查，做自己的"情绪体检医生"。

要做好自己的"情绪体检医生"，前提是要了解一个相对专业的概念——EQ。不少人都在说这个词，却不知道这个词的真正含义是什么。美国哈佛大学心理系教授丹尼尔·戈尔曼于1995年出版的著作中第一次提到这个词。EQ的中文意思是"情绪智商"，戈尔曼认为，EQ包括抑制冲动、延缓满足感的克制力，其中包含如何调整情绪，设身处地地替别人着想，感受别人的感受能力，以及如何与人交往，培养自发的心灵动力等多方面。简单说，EQ体现的是一个人为人的涵养和性格的基本素质。

一个人的EQ指的是哪些呢？目前国际公认EQ大致是由以下五个方面构成的。

（1）认识自身的情绪。EQ基于情绪产生，认识自己的情绪本质是EQ最基本的内容。人掌控情绪的首要任务就是要随时随地地了解自己的情绪，而这种能力对于自己来说又是至关重要的。了解才能主动控制，不了解的话就只能沦为情绪的奴隶了。

（2）管理自己的情绪。认识到自己的情绪就是为了下一步可以科学合理地管理。管理才是 EQ 实践中的关键环节。

（3）自我激励。自我激励有两个层面的意思：一是通过鞭策自己来保持对工作和生活极高的热情，激发自己的动力，不轻易放弃，保证一步一步踏踏实实地走向成功；二是自我约束自己的冲动，延缓自己的满足感，成功需要克制力。

（4）理解他人的情绪。设身处地地替别人考虑，这是理解和关心他人的基本必备条件，善于关心他人的人能从细微处体察到别人的需求。

（5）人际关系管理。处理好人际关系要从恰当管理他人的情绪做起。在这方面做得好的人，意味着他有极好的人缘，适合从事领导管理方面的工作。

这五个方面，前三个方面和自己有关，主要针对自己的情绪，从认识开始，到管理，再到激励和约束，涵盖了整个情绪控制的过程。后两个方面则和他人有关，不但要理解他人的情绪，对他人的情绪也要有效合理地管理，用以开发自己的人脉资源。总而言之，EQ 的内涵由两个方面构成，一个是控制自己的情绪，另一个是控制他人的情绪。

而 EQ 和情绪体检有什么关系，怎么利用 EQ 来进行情绪体检呢？下面的四点是要好好考虑一下的：（1）发觉和表达情绪；（2）想象各种情绪状态；（3）分析各种情绪的来源；（4）计划如何管理情绪。这四点都具备很强的条理性和可操作性，供情绪体检使用。请记住，情绪体检的最终目的在于管理好自己的情绪，合理科学地利用情绪。

调节的方式三： 操纵好情绪的 "转换器"

人人手中都有个情绪 "转换器"，可以调节自己的情绪，从好情绪转化为不良情绪，也可能是相反的。重要的是，要如何去更好地操纵这个 "转换器" 来更好地改变自己的生活。

操纵 "转换器" 必须有意识地去改变自己。例如，当人们遭遇挫折时，情绪受到一定的影响在所难免。这时就需要通过 "转换器" 来转换情绪，可以有意识地提醒自己，面对无法挽回的不幸或是无能为力的事情，只要抬起头大声告诉自己，这没什么了不起的，自己就不会因此而消沉，不良情绪就会被良好的情绪和自信所取代。随后，要有意识地给自己的大脑 "充电"，大脑中的东西多了，个人 "转换器" 的操纵技巧才会增多，才有利于更有效地转换自己的情绪。"充电" 最主要的途径是学习，工作和兴趣活动也是不错的补充途径。"充电" 的内容一般都是可以激发自己向上的新思想和新意识。充好电的大脑就可以让自己轻松掌握转换的技巧，驾驭转换情绪的能力，有意识地控制情绪向积极的方面发展。

转换情绪能够帮助调整人们的心态，摆正自己的态度。陶渊明舍官归隐后，生活状况一度窘迫，远不如从前当官时富足，但他仍旧悠然自得，志在田园。陶渊明在田园生活中自得其乐，情绪高昂，并不因为生活困苦就情绪低沉，因而心态积极，充满对生活的希望。

古话说得好，天有不测风云，人有旦夕祸福。世上谁能逃得过各种烦恼？谁又能没有情绪的困扰？何况世事难料，常常会有些突发的灾难。面对这些，如何让自己的情绪转换呢？最好的办法就是遗忘。如果可以积极地行动就去行动，而对于那些不可抗拒的不幸，就选择遗忘，忘掉不快乐，就会有快乐降临。

握好手中的"转换器"，合理地转换自己的情绪，生活会比从前有更多的乐趣。当你开始抱怨生活乏味、工作烦闷时，当自己开始沉湎于过去时，当自己不满足于现在的状态时，当自己对自己感到失望时，何不换一个角度去想这些问题？退一步海阔天空，或许就会看到另一片蓝天。

当今社会的生存压力越来越大，不保持一个好的心态是很难立足的。好的心态来自于良好的情绪。所以懂得操纵情绪"转换器"的人才会有健康的心态，才会创造美好的生活。

调节的方式四：及时宣泄不良情绪

既然说到转换情绪，那么不良情绪如何被转换掉，很多人都没有明确的答案。不良情绪转换成良好情绪的前提是要将不良情绪宣泄掉。也就是说，要变得快乐，先要把悲伤忘掉、宣泄掉。面对生活压力，每个人都有诸多的不良情绪，这就需要大家首先正视不良情绪的存在，而后对这些不良情绪进行调节和疏导，以免它们危害人们的身心健康。

心理学家通过研究发现，用于宣泄不良情绪的办法主要有四种：

（1）大哭一场。和笑一样，哭也是人类的本能之一，它是不良情绪最直接的外在表现形式。仔细想想，大多数时候的哭都和不愉快联系在一起，除了激动流泪以外。医学研究表明，短时间的大哭能够最大限度地释放不愉快的情绪。人们在情绪激动的时候流出的泪水当中含有蛋白质，它对于减轻不良情绪有重要的作用。此外，医院实验还发现，健康的人哭的次数要多于经常生病的人。不过在这里要提醒的是，所谓的大哭能缓解不良情绪的情况，必须是内心受到很大的刺激和委屈后放声大哭才有效。那些遇事就哭哭啼啼的人，哭对他们来说反而是有害无益的。

（2）倾诉。遇到不开心的事情，别闷着不说，身边有朋友的话，就跟他们倾诉一下。通常情况下，每个人都会有几个交心的朋友，遇到不开心的事，可以聚聚，品品茶，喝喝咖啡，大家在一起说说话，把自己遇到的不开心的事情向朋友倾诉一番，把情绪都发泄出来。这样一来，既可以宣泄掉自己的不良情绪，还可以得到朋友的同情、开导和安慰。

（3）以静制动。心情不好，就会激动烦躁，常常"坐立不安"。这种情况出现时，采取"以静制动"的策略是很有效的方法。当感觉到不良情绪时，可以停下来，浇花弄草、出门踏青、沿河垂钓等，静养心境。这些事情看起来似乎和宣泄坏情绪关联不大，但它们恰恰以自己的"静"制住了"坐立不安"的"动"。做这些事情的时候，人总是能够找到一份清净雅致，得以平息怒气，宣泄心头的压抑。

（4）放声歌唱。音乐可以陶冶情操，舒缓压力。音乐心理治疗瑞典学派的创始人 Pontwick 在专门研究了心理共鸣理论后，指出音乐能够通过自己的和声来反映出某些原始形式的精神生活。例如，平缓的音乐给人安慰，高亢的音乐给人振奋。除此以外，音乐和情绪之间还有一些细微的关系，例如徐缓的大调忧郁、悲切，容易让人伤感；快速的小调容易让人愤怒焦虑；快速的大调则欢快，富有朝气，容易让人心情愉快。所以，放声歌唱对于改善心理和生理的不快也是有很大作用的。

现实生活中，还有许多行之有效的方法用于宣泄不良情绪。人们随时可以依据自己所处的不同环境、个体差异来选择适合自己的方法。

调节的方式五：走出抑郁的情绪

前面已经说过太多关于抑郁的话题，不论是提到孤独，还是提到寂寞，或者是刚刚说过的绝望，或多或少都和抑郁相关。抑郁可以说是一切不良情绪和不良判断的来源，也是它们的外在表现。人抑郁了，很多问题就会接踵而来，这是必然的，在这种不健康的情绪下，人不但会否定现实，也会否定自我，那么主宰行为的思维就会因此而受到消极的影响，整个人就会变得沉落颓废。关于抑郁和抑郁引起的焦虑，都会使人们的交往活动大幅减少，当然这二者之间的关系是相互的，也正因为现实生活中人与人之间的关系在不断地变得冷漠，才使得抑郁情绪大量地在人群中蔓延，人们越来越多地关心自己，而非身边的人，专注自我的人就不愿意和他人交往了。

总的来说，抑郁的人每天都会感到自己生活的悲哀，凡事都会勾起他们对自己命运的怨叹，对现在没有过多的行为去干涉，对未来更是没有期待，内心世界满满当当地塞满了各种痛苦和伤心的情绪，严重的还觉得自己已经没有理由继续活下去。做不了什么，就算是做了什么也无济于事，这是抑郁情绪的人的习惯想法。

抑郁的人也不是一开始就抑郁。他们常常都是充满自信的人，只不过他们把太多的精力放在了别人身上，放在了周边的环境上，总是期待通过他们的努力，周边的环境可以还给他们幸福，回报给他们自己想要的。于是，他们非常努力，尽力去让环境可以回报自己。这么想就让自己变得很被动了，似乎未来是在他人手里的，或者是环境赐予的，而不是由自己的双手去创造的。只要有一天，他人发生了变故，或是环境发生了变迁，他们内心唯一的支柱就会倒塌，慢慢地觉得自己在这个环境里抬不起头来，环境已经摧毁了他们所有的梦想和未来，一切再也回不来了。失望和痛苦的感觉就会一下子占满他们的心灵。这就是抑郁的来源。

随后，他们就会表现出高度的质疑，质疑所有东西，不管有没有理由都去质疑，都会无条件地质疑。他们把自己关起来，无法想象那种抑郁的模样，但他们确实是那一副让人看了就可怕的抑郁的模样。他们的灵魂几乎停止了全部积极向上的动力，行为几乎停滞不前，他们感觉到了欺骗和谎言，却摆脱不了这些欺骗和谎言。责怪自己却也没有任何结果，但是仍旧持之以恒地责备自己。感觉到自己无所依托，但仍旧在一个人的世界里忏悔，总不愿意走出去和任何人交流。那是一种一无所有的感觉。没有朋友，没有现在，没有自己，没有未来，没有应该有的所有东西。备受打击的他们被抑郁包裹了全身。或许他们也在等待，等待哪一天抑郁会自然消失，这怎么可能！抑郁一旦缠上了人，如果不主动去拒绝的话，它就像一条毒蛇一样缠住你不放。

他们没有兴趣去干别的事情，持续地放弃，以至都成了一种习惯。孤零零地什么都不做。他们几乎没有意识到自己从前的可爱和快乐。他们总认为朋友是不会与他们继续来往的，现在的他们看起来简直是一无是处。其实过去朋友和他们之间的联系并未和现在发生的一切有任何的关联。但他们却认定自己就是个朋友不喜欢的人，可他们没有预料到，他们越是这么想，越是不和朋友联络，就越是摆脱不了这种伤心和自我厌恶的情绪。

幸好，大量的研究证明了，抑郁不是不治之症。心理学家从心理学角度做了大量的试验，来说明抑郁通过恰当的方式是可以被克服的。前面的文章里已经提了很多这方面的具体方法，根据情况的不同，人们可以有针对性地选择方法来让自己重新拥有自信和自尊。

把自己从抑郁中揪出来的人是自己。自己如果能够很好地掌控自己的生活，抑郁就不会再紧紧缠着自己不放了。人要学会认清自己的消极思想，就像认清自己的积极态度一样，了解了它们，就可以应用一定的方法去消除这些消极的想法。消极的想法不存在了，人就活得更轻松自在，也就不必惧怕抑郁还会再次来临了。

调节的方式六：消除病态的恐惧

一般的恐惧是人正常的情绪之一，而病态的恐惧就属于非正常现象，与一般的恐惧之间存在一定的区别。弗洛伊德用一个生动的例子说明了两种恐惧的区别：一个身在非洲原始丛林里的人，因为看到蛇而感到恐惧，这是正常的恐惧，主要是处于自身安全的考虑；但如果是一个总是怀疑自己房间地毯下有蛇的人，那么他的恐惧就是病态的、不正常的，这种恐惧是有损健康的。弗洛伊德的例子很通俗地说明了两类恐惧感的差异，前者在必要时产生，是正常现象；后者则有些"多余"，从本质上来讲是没有必要的，对人是有害的。

　　根据弗洛伊德的理论，好好研究一下现实生活中大家的恐惧是如何产生的。似乎很多人常常会对各种与自身有关的危险忧心忡忡，焦躁不安，怀疑自己是不是患上了什么重病，稍微身体有点小小异常的症状，就会担心是不是心脏、肺部、肠胃有了什么毛病，并因此焦虑失眠，结果上医院一查，却什么病都没有。就这样大家仍不善罢甘休，还是力图用其他方式来证明自己是不是真的患了重病。听起来一定有人会说无聊，但反思一下自己是不是也有过这样的经历，有过自己幻想出被什么危险威胁的恐惧，就像是弗洛伊德说的地毯下的蛇一样？这种病态的恐惧在现实当中，还真有不少。除了身体，还有人对自己的性格产生过病态的恐惧。一点点性格上的缺陷，他就会怀疑别人是不是看不起他，甚至低人一等。此外，工作、学习以及人际关系，都有可能出现病态的恐惧，被病态的恐惧缠住的人总在害怕，总是感受不到自己的快乐、别人的赏识、友情的美好和家庭的幸福。

　　病态的恐惧，还会出现在人们对身边最亲近人的担忧上，实际上这是对自己可能的失败和潜在威胁的恐惧的一种外露的延续，它只是在某种程度上转移了对自己的焦虑。例如，母亲担心女儿的道德操守问题，无疑暴露了潜意识中她对自己道德教育的担忧。因此，不管是对自己，还是对身边亲近的人焦虑大多源于自己的内心深处。

　　生活中，靠自己去发现这些病态的恐惧有时并不容易，它们总善于伪装，伪装成各种看似合理的心理恐惧症，企图来掩盖自己。像是常常听说的恐高症、恐惧黑暗、晕血，晕针等。归根究底，它们都是病态的恐惧。它们可能源于儿时隐秘的记忆，也可能是当下对自己的焦虑，但不管怎样，其根源从心理学的角度来说，都来自人的内心。

　　病态的恐惧主要在精神上给人带来不安和焦躁的情绪，有时还会引起肉体上的痛苦。这并不难理解，人是灵肉合一的，精神上的极度不快必然带来肉体上的痛苦，肉体上的痛苦是用来分担或是掩盖内心恐慌的。这么说的话，是不是身体上的疾病大都和内心病态的恐惧有关呢？现代医学通过身心关系研究发现，确实如此，尽管这一点普通人很难察觉。所有已经认知的疾病，从普通的感冒到关节炎等严重的疾病，都源于人们内心世界深层的恐惧心理。人们用生病减轻了内心的恐惧，减少了与恐惧作斗争的心理负担。相比生病的痛苦而言，与现实生活中的威胁抗争要难得多。可以这么说，众多的慢性病患者本质上讲是在潜意识中自愿生病，好让自己逃开现实中的恐惧，在疾病中寻求安慰和舒适。而疾病则不过是个逃避的外化借口而已。

所以，病态的恐惧一方面会拖垮人的意志，另一方面对人的身体健康也有很大的影响。无论如何，为了身心健康，要学会正视现实，强大自我，消除不必要的恐惧，做一个心智成熟的人。

调节的方式七：掌握解除忧虑的万能公式

众所周知，忧虑会危害到人们的身心健康，怎样才能减少这种危害呢，怎样有效地减轻忧虑呢？回答这个问题并不难，有一个解决忧虑的万能公式，可以用来解决各种不同的问题，主要分三个步骤：看清问题，分析问题，再作出决定。当自己处在忧虑时，可以应用这个公式。

先来说说第一个步骤：看清问题。

要想解决问题，就要先弄清楚问题本身是什么。只有把问题看清楚了，才能用自己的聪明才智来更好地解决问题，看不清问题的本质，只能盲人摸象，胡乱决断。要知道，混乱是产生忧虑的主要原因，在混乱中缺乏对问题的认识，就解决不了问题，忧虑就自然而然地产生了。花点时间去用一种超然的、客观的态度去看清楚问题的本质，忧虑就会在智慧的光环下消失得无影无踪。

忧虑的人情绪都不太稳定。情绪激动的时候怎样才能清晰客观地认清所有事实？做到以下这两点就可以了。

（1）学会用别人的态度去观察事情的本质，这样才能保持清醒和冷静，才能控制自己的情绪。

（2）一面收集引起忧虑的事实，一面收集对自己不利、自己不愿意面对的事实。把两面的事实都列举出来，真理就在这两面中间。

弄清楚问题是分析问题的基础工作。人们常说，把问题弄清楚了就等于解决了一半问题。所以，在还没完全了解事实之前，切勿急于解决问题。

第二步，就是分析问题。分析问题的重点在于把握下面两个问题。

（1）自己担心的是什么。

（2）接下来自己该怎么办。

向自己提出这两个问题的时候，如果自己还能给出相应的答案的话，思维会变得更加清晰。不用着急，冷静一下，好好问问自己，拿一张纸，把所有可能发生的情况、可能有的答案，还有可能产生的后果都写出来，再慎重作决定。此时，只要自己认为自己已经不再混乱、镇定自若，就可以作决定了。因为脑子混乱时，你是无法在其中选择出正确答案的。

第三个步骤，也是排除忧虑最关键的一步，就是自己作决定。决定怎么做，再依据自己的决定立即行动。这是这三个步骤中最不可或缺的一步，缺少了这一步，前面所有的发现问题和分析问题工作都会失去意义。

冷静下来以后作出的决定，需要用行动来付诸实施，别再畏首畏尾担心责任问题，实施才是重要的一步。经过收集事实和分析问题，引起忧虑的事实已经被客观清醒地分析过了，建立在这一基础上，自己作出了一个非常谨慎的决定，就无须再停下来思考了，忧虑、迟疑只会让自己再次怀疑自己，当机立断，立即实施自己的计划吧。

行为是第一位的，要排除忧虑，那么无论在什么样的情形下，只要有一点点机会，都不能放弃行动的机会。很多现实的例子都说明，"过了这个村就没这个店了"，时机过了，就可能无任何转机，犹豫不决是会耽误时机的，是会枉费自己的决定的。行为是改变一切的前提，缺少行动，一切都是空谈。在商场上成功的人士都提到过，他们若是碰见很棘手的情况，首先想到的是如何着手去解决，遇到解决不了的，就干脆放弃。他们似乎不太习惯先去考虑结果是怎样，也不愿意过多担心未来会发生的事情。他们说过，这些都不是他们该去想的，他们关心的是怎么去解决，而不是为了可能的结果而忧心忡忡。

忧虑大多来自于不可改变的事实，谁都没必要花费过多的精力和情感去思考这些不可改变的事实。在忧虑影响自己之前，先学会改掉忧虑的毛病，内心就可以平静了。还有，教会自己适应不可避免的事实，也是很有必要的。

调节的方式八，为生活增加幽默元素

幽默是生活中的一种智慧，是调节生活节奏的重要因素，也是一种特殊的情绪。幽默可以很巧妙地让人躲过精神压力，更好地去适应身边的环境。俄国文学家契诃夫曾经说过："缺乏幽默感的人，是没有希望的人。"确实如此，拥有幽默感就好比穿上了一件情绪防弹衣，它可以有效抵御坏情绪，更有质量地控制自己的情绪，发挥情绪的积极作用。

拥有良好幽默感的人，可以从日常的幽默中汲取精神生活的养料。幽默帮助人们淡化消极情绪，减少沮丧和痛苦；幽默增加了他们的生活情趣，使他们的生活不致乏味。在人际交往方面，幽默也减少了人与人之间的隔阂，人与人之间少了烦恼和矛盾，必然相处融洽。幽默是一门深奥的生活艺术，更是一门情绪艺术。在生活中时时展现幽默的人，是最会调节自我情绪且懂得生活真正意义的人。幽默可以给予人们的积极作用太多，总结一下有以下几点。

（1）化解矛盾。幽默感所凸显的喜剧潜质，让人与人之间紧张的关系顿时缓解，嬉笑取代怒骂，剑拔弩张也可以一笑带过。

（2）缓解压力，走出低潮。幽默感要有一种乐观的心理基础，平静地去面对挫折，在挫折中找到勇气，并看到未来的希望。幽默感是以一种第三者的心态去看待自己，跳出自己的角色，以舒缓压力。

（3）有助于学习，提升创新能力。心理学的研究结论认为，幽默感强的人，学习效果要远好于其他人，解决问题的效率也比较高，而且创意十足。

除以上三点外，幽默感所带来的笑声还有良好的生理治疗作用。众所周知，笑可以减少精神压力、提高人体免疫力、降低压力激素等，这对人们的身体健康有很大的帮助。

既然幽默感对人的身心有如此多的好处，那么怎样做个有幽默感的人呢？要拥有幽默感，首要条件就是对事物有敏锐的洞察力。培养自己观察事物的能力，对身边事物的本质和变化很敏感，捕捉事物的本质，用诙谐的语言来加以形容，给听者一种轻松的感觉。

另外，要学会幽默，还要领悟幽默的内在含义，对他人的缺点，机智而又敏捷地指出，在微笑中指正。记住，幽默是一门艺术，它不是简单的油腔滑调，更不是讥笑讽刺，它是一种智慧，只有平等待人、淡然处事的人才能游刃有余，幽默诙谐。

具体而言，培养个人的幽默感可以尝试下面这些做法。

（1）自嘲。生活中，自嘲是一门积极干预自己的艺术。它基于自我认识的基础，与自己的自卑作战，应付周边的一切压力，用一种积极的力量去对抗心中的种种失落感和失衡感，以获得精神上的满足。自嘲并不等于嘲笑讥讽，它是一种积极的心态，给人们增添欢乐，减少烦恼。自嘲体现了一个人人生态度的豁达程度。时常对自己自嘲，减少一些盲目逞强好胜的念头，平和超脱是自嘲的最终目的，这种人生态度不是不思进取，不是虚无缥缈，而是一种积极向上的心态。

（2）做些"蠢事"。试着让自己每天都做些"蠢事"，换个角度去观察自己熟悉的人，做些让自己都出乎意料的事情。例如，穿得和平常不同，可能看起来有点儿"傻"。这没什么不好，还有可能有些意想不到的好事发生，打破常规不一定就是坏事。

（3）尝试"荒谬取向"的思维方式。设想自己若因为尝试新鲜事物而感到不安害怕，索性集中注意力，有意识地去用幽默的方式放大自己这种怯懦的情绪，克服对失败的恐惧，结果会和原来的不一样。

（4）用睿智、有趣的方式表达。想办法找到属于自己独特个性且有趣的表达方式，柔性地表达自己的个性。

再次强调，幽默本身就是一种睿智的表现，它不是恶俗的搞笑，必须是在一定的知识积淀的基础上才会产生的。只有知识丰富了，人们才有能力去创造多种不同的表达方式，这其中也包括幽默诙谐的方式。培养幽默感，要从知识中汲取丰富的营养，这是幽默感形成的唯一且是最重要的途径。一个具有渊博知识、见识广博的人才会妙语生花，引人入胜。

第十四章 ／ 乐观的重建：积极健康的心态
才是最大的财富

一个人最可悲的莫过于失去乐观的心态。抵抗当下的生活，对自己充满不自信，丧失探索生活的动力，生活中的很多问题其实都与失去乐观的心态有关。要超越对现在的厌倦，重新建立积极健康的心态，关键还是在于自己，自己可以很好地完善自我，肯定自我，打开内心，对外宽容，保持希望，这才是化解现实生活中消极情绪的一剂良药。

建立的方式一：心态决定命运

心态指人的所有心理态度，泛指一切心理品质的修养和能力。心态将人内在的意识、观念、动机、情感等外在表现出来，它是人对一切信息刺激作出的主观反应，用于支配人的一切言谈举止。可以说心态是搭在人的内心世界和外在行为之间的一座桥梁。它一方面反映了内心世界的变化和特点，另一方面又指导和支配外在的行为动作。因此，反映内心世界的心态几乎可以决定一个人事业的成败走向。

曾经有一位年逾古稀的老太太，从 70 岁开始决定挑战登山，并于 95 岁高龄最终登上了日本的富士山，并打破了登上富士山的年龄最高的纪录，她就是鼎鼎有名的胡达·克鲁斯老太太。很多人在 70 岁时都会认为自己的生命即将走到了尽头，这样的心态让他们把全部的注意力都放在了料理身后事上，他们不会再对自己提出任何的挑战，他们希望生活安逸，慢慢地走到生命的尽头。可是这位老太太却不如此，她完成的奇迹完全来自于她的好心态。心态决定一个人的行动，它是一个人能否获得成功的关键，因此，可以说心态决定命运。缺少好的心态，就无法去驾驭自己的生命，如果驾驭不了生命，也就无法驾驭成功。

要保持良好心态的第一步是要会掌控自己的情绪。人要做情绪的主人，不能完全被情绪带着走。因为人的一生会遭遇无数苦恼，也会面临无数机会。但无论是苦恼还是机会，都要理智地对待，做出理智的选择。喜怒不形于色，平淡看待一切，不幸来临时，不怨天尤人，否定自己；幸运来临时，不目中无人，得意忘形。理智地控制情绪的走向，别让情绪泛滥毁了自己的一生。

通过改变自己的心态来改变自己的命运，要求人们保持积极向上的心态，了解自己的内心世界，设定一个未来的目标，并用好心态引导行为，为这一明确的目标效力，这样一来，人们就会享受到以下果实：

（1）成功的感受；

（2）健康的心理；

（3）凸显自我能力的工作；

（4）内心的平和与充实；

（5）消除对未知的恐惧；

（6）充满自信；

（7）走出困境；

（8）了解自己和他人的智慧。

拥有良好心态的人可以享受如此多的成果，可见，永不放弃的心态不但能带给人们物质上的财富、成功、健康，还能带给人们心灵上的满足，让人们爬上自己生命的最顶峰，去享受那一刻登顶的快感。如果告诉大家有这么一个人，22岁时生意失败，23岁竞选州议员失败，24岁生意再次失败，27岁几乎精神崩溃要住进疯人院，29岁再次竞选州议员失败，31岁竞选国会议员失败，39岁再次竞选国会议员失败，46岁竞选参议员失败，47岁竞选副总统失败，49岁再次竞选参议员也失败，可是他最终在两年后成为了美国总统，一定没有人相信。可他确确实实存在，他就是美国历史上最伟大的总统之一——亚伯拉罕·林肯。经历过如此多的失败，可以说在51岁竞选总统成功之前，他政治生涯的大部分阶段都是和失败一起度过的。换成其他人，这种满是失败的经历就足以击垮他们的意志，面对这些挫折，常人无法保持良好的心态去面对，只能是消极应对。而林肯坚持他的人生信条——永不言败，始终保持着积极向上的心态，一次次参加竞选，直到获得总统竞选的成功。

好的心态帮助人们走向成功，消极的心态就容易让人被消极环境束缚住。它会渗进人们的行动中去，影响工作和生活，产生一系列与积极心态所带来的相反的结果，诸如贫穷悲惨的生活，心理和生理上的疾病，平庸的人生，各种各样的烦恼，等等。

社会竞争日趋激烈，要在激烈的竞争中争得一席之地，就必须顺应时代的需要，调整好自己对待周围一切事物的心态，健全自己的人格，才能与他人竞争生存的资源，寻求更大的发展空间。良好的心态是适应社会的基础，它让人们在面临不同的挫折时都能坚守内心的信念。如果把人的一生比作是在波涛汹涌的海上逆水航行的话，纵使自己无法左右风和水流的方向，但是可以根据它们的方向调整风帆，化劣势为优势，乘风起航。总结已然成功的人的经验会发现，他们身上的一个标志性的特征就是，他们都是拥有积极心态的人。他们用自己不懈的努力创造了奇迹。曾经有成功者说过，百分之九十的失败者都是自己放弃了希望，而不是被别人打败的。失败者缺乏积极的心态，他们在屡次的挑战和失败中，无法坚持下去，只得放弃，是他们主动放弃了成功。所以，总结成功人士与失败者间最大的差异就在于他们看待事物的态度和行事的方法，前者始终用积极乐观的态度去支配自己的人生，而后者则在重重的自我怀疑和质询中，放弃了自己，放弃了自己的人生。

建立的方式二：有积极的念头，才有积极的反馈

周围常常有人会长叹一口气，说道："这机会多好，可惜就是我不行。"他们并没有努力争取，而是主动地放弃。这种现象在心理学上称为自贬，也就是廉价出卖自己。生活中，这样的例子数不胜数。几千年来，无数的哲学家通过种种证明和种种理论，为的就是要人们更清楚地认识自己，结果大家却将此误读为认识自己的缺点，认识到的自己也往往都是消极的一面，却掩藏了自己积极向上的那一面。认识到自己的缺点和不足，当然也不是不好，它可以让人更理性地面对自己，但仅有这些缺点和不足，把自己弄得一无是处，显然就不对了。别随随便便看轻自己，认识自己要全面才行，光有负面的，容易自贬；反之，光有正面的，容易自满，这些都是以偏概全，都不对。

同样的，生活中遇到不幸的事，大家老爱劝别人"别往坏处想"，

可这么做就真能摆脱负面情绪的困扰了吗？其实，真正的思考模式也应当是两不偏才是，既要往好处想，也要往坏处想才对。要鼓励大家学会这种弹性思维法，往好处想，人的心情会变好，可往坏处想呢，总结经验教训，寻找解决方案，毕竟坏事还没有发生，防患于未然不是最好的补救措施吗？何况，好与坏本来就没什么好介意的，只有内心对自己不自信，也就是上文说的自贬的人才容易一出事就往坏处想，别让他往坏处想，他偏往坏处想，只能是把自己弄得凄凄惨惨的，事情自然也就往坏处发展啦。

毫无疑问，只有把事物的两面都分析到了，内心才会产生正确的积极向上的动力，遭遇挫折才能理性对待，不被击垮，并从中获取有益的经验和教训，继续坚定地往前走。

内心有了积极向上的动力，才会对行为投射出积极的效应。举个最平常的例子，日常生活工作中谁都免不了要与人交流，可是说什么话，怎么说话却是有大学问的，有的时候相同的意思用不同的句子来表达就会产生不同的效应，例如对一群合作伙伴说"非常遗憾，我们失败了"，听完这话，合作伙伴们就会因为这句话所传达的浓浓的"失败"意味而感到悲哀和沮丧，但是如果换成"我相信这个新计划一定会成功的"，他们听完之后就会继续努力，为了未来的成功而保持原有的干劲。因此，为了保持某种积极的效应，说话当中尽量保持"正面思考"是有重要意义的。它把说话人的心理投射出来，直接决定了话语接收人的反应，正面思考后的话语，人们听起来就会产生积极效应，如果不然，听完话的人也就跟着消沉下去了。

合理地遣词造句，就会让内心积极向上的动力从话语中表现出来，并产生积极的效应。

（1）对他人陈述想法时要用积极的话语。一般人在听到积极的话语时，所表现出来的也是积极的态度。例如人们听到"这真是个好消息，我们遇到了绝好的机会……"和"无论我们喜不喜欢，我们都必须做这工作"这两句话时，自然会产生不同的反应和不同的行动。前者显得更振奋，让人看到了努力的动力和成功的希望，也看到了说话人希望得到他人支持的迫切愿望，这给人传递出了一种积极的态度，那么所产生的效应也不可能是消极的了。

（2）鼓舞他人，也需要积极的话语。除了表达自己以外，也要适当地用积极的话语去鼓舞他人。要学会肯定他人，赞美他人，就像自己也需要别人肯定和赞美一样。有机会就对身边的家人或同事说一些恰当的赞美的话语吧，真诚地鼓励他们，他们就会有意想不到的积极的反馈。

（3）描述他人时，尽量用明快、向上、肯定的字眼。在别人面前描述一个人的时候，切记选用一些建设性的词句来正面肯定他。例如，"他的确是个非常不错的人"或"他们告诉我他在这方面做得很出色"等。不要在人后用破坏性的语言去诋毁他人，如果当事人知道了这些话，那他心里会产生什么样的反应？

（4）描述自己的感受，也尽量用积极、愉快的语句。在与他人对话时，说到自己的感受，说法也尽量明快一些、积极一些，别总让人觉得交谈总是显得那么沉重、那么糟糕。练习做到这一点吧，对于自己来说一点都不难，就是换个说法来表达，但对他人而言，却能在对话中时时感受到快乐。对话的一方感到快乐了，另一方也自然而然就会快乐起来。

建立的方式三：不苛求贪婪，一切顺其自然

世上的事那么多，如果件件都能困住自己，再自由的灵魂也会感觉到累。何必用那么多的事情锁住自己的自由，跳出自己给自己筑起的高墙，就能有轻松的心态。

不去苛求，不贪婪，不骄不躁，一切顺其自然，就不会有那么多的东西让自己困扰。想想自己需要的东西，其他的东西对于自己而言都是冗余，都是负担。这么一来，就不会为了那些不必要的东西你争我夺，纷争不断。不如愿，内心无法释然，即便是如愿了，也是一身的伤痕，所得非所求，又何来获得的快感？卸下包袱，让自己心情恬淡一些，不是更好吗？

生活不是童话，幻想每天都是绿意盎然的春天是不现实的。人生一定会有各种坎坷，要品尝各种酸甜苦辣，才算得上是完整的人生。既然人生不免沟沟坎坎，充满无奈，那就不要再去计较得失了，应该活得洒脱一些。

有一则寓言，讲的是一个烦恼的少年遇见一名牧童，牧童骑在牛背上，逍遥自在的模样。于是他问牧童有什么解忧之法。牧童回答："学我吧，骑在牛背上，吹吹笛子，就没有烦恼了。"烦恼少年试了以后，没有效果。接着他遇见了一位在岸边垂钓的老翁，他问了同样的问题。怡然自得的老翁回答："跟我一样来钓鱼吧，保证你没有烦恼。"少年试了一试，结果还是不快乐。他继续寻找，遇到了两位在路边下棋的老人，

他照旧去向他们询问解忧之法。老人一边下着棋，一边告诉他往前走，说前面有座方寸山，山里有位老人能交给他解忧之法。少年朝下棋老人所指引的方向寻去，果然见到了一位长髯老者。少年向老者说明了来意，老者抚着长髯，微笑地说："你被什么给绑住了吗？"少年听后愕然，随后回答自己并未被什么给绑住。老者继续说："既无人也无事将你绑住，何来解脱？"少年幡然醒悟，原来烦恼不过是自己庸人自扰之，自寻烦恼来困住自己罢了。随即离开了方寸山，离开时发现眼前变成了一片汪洋，还有一叶小舟在面前荡漾。少年跳上了小舟，却不见渡工，便大声呼喊："谁来渡我？"老者又一次出现，只说了一句："请君自渡。"结果大家应该都想得到，少年自行拿起木桨，轻轻一划，汪洋成了平原，大道就在眼前，少年大笑离去。

故事里少年的经历说明了一点，怡然之道在于心，心若没有被自己生生地绑住，就能自行渡到快乐的彼岸，这个过程谁都帮不上自己的忙。没有人会把不快乐的意志强加到自己身上，只有自己想得多了，想得久了，才会受其所扰。走出此困境也需要依靠自己的力量，境由心生，自己想要快乐，快乐难道不会不请自来吗？

痛苦不是问题造成的，而是自己造成的，是自己在遭遇磕磕碰碰时，总会显得不快，或是痛不欲生。一切的根源在自己身上，都是自己对形势的悲观判断所致，这些判断的依据大多是从前生活中的经验，经验的东西本身就带有浓厚的个人色彩，环境变了，情况变了，经验也不是一成不变的。跳出过去的影子，多换几个角度去看看，会有另一种处世哲学引领着自己继续前进的。

建立的方式四：学习向内诉求

内心的力量是内敛的，但不容忽视，它会以各种方式去创造人生的奇迹，如思考的力量、渴望的力量、乐观的力量、坚持的力量等，这些都是常见的心灵的力量，也是在日常生活中最经常为人们所用的力量。人们从自己的心灵中获取这些具体的力量，用于打造充满活力的、展现自我的绚丽人生。至于如何去应用它们，就需要大家花点儿心思，根据自己的需要尽情发挥这些力量的作用。一旦学会了如何应用这些力量，人们就会周身充满强大的能量——强大地书写未来的能量。依靠这些能量，人们可以达成自己的愿望，成为自己最想成为的模样，成就自己最想成就的事业。试着去了解自己的心灵到底有多少种力量，蕴涵着多少能量，培养自己的天赋才能，即使它们还都是隐性地存在着，也要开发出来，只要自己心里还有梦想，就别忽略它们。

发觉那些被隐藏的资源，需要深入走进自己的内心，深度审视和衡量内心的所有能量。正确地了解自己的能量和行为能力，就可以为自己设计实现未来的多种可能，生命会因此出现另一番新的模样，而这番模样是靠自己的能力创造的，人生会绣出自己的精彩。向自己的内心祈求吧，它是蕴藏着丰富能量的宝藏。

一般来说，心灵的动向都是意识，是很难被人们察觉的，但它的每一次动作都与人们的力量和能量变化有关，它就像是地壳运动，稍微一点点的动静就会造成地壳上层的剧烈运动和能量释放。每个人的"能量库"——心灵——虽说巨大，但对于人类整体而言，它不过是心灵整体中的一个组成部分，而人类的心灵整体被称为"宇宙的心灵"，它拥有无与伦比的力量，存在于人类社会的每一个角落，无处不在，谁都不可能去窥探它的全貌。作为个人，能够从"宇宙的心灵"中祈求能量、知识和能力。在这里，列举关于心灵的各种说法只是想让大家了解自己内心潜在的巨大能量。

现实当中总有人未开启心灵的大智慧，他们的能量受到了各种因素的限制，于是他们缺少自信，而且并不知道自己的心灵是最有力的能量源泉。心灵的智慧大门一旦被打开，人们就会获得前所未有的能力去跨越那些障碍，创造人生的成就。所以，请务必记住自己的内心拥有的神奇力量，经常和它进行交流，向它咨询关于找到人生意义、方向、成就感和幸福的问题，它会给出答案，还会赐予你力量。

多少人都在不断地向外倾诉自己的诉求，却不知道真正的宝藏就藏在自己的内心世界里。回到自己的内心，那里没有限制、没有要求，只有一颗真诚地希望实现自我的心灵。

建立的方式五：跳出心智的固定模式

这里提到的心智模式，与人的思维模式有一定关系，是人们的思维方式、思维习惯、思维风格等方面的一种综合体现。人在成长过程中，伴随着知识的积累和周边环境的影响，会形成一定的思维定式。也就是说，每个人都有每个人的思维模式，随着年龄的增长，这种思维模式会越来越"顽固"，在看到、听到什么事情的时候，人们会依据这些思维模式来判断，说话，行事，等等。此外，个人的行为也会受到思维模式的影响。思维模式和心智模式相关，人的心智模式包含了思维模式，它也与人的成长经历密切相关，不同的环境和不同的教育方式会形成不同的心智模式。

心智模式同思维模式一样，会因为环境等因素而僵化，不轻易产生变化。有生物学家做过一个实验，把一只跳蚤放在一个不加盖的杯子里，不一会儿跳蚤就跳出了杯子。随后生物学家又把这个杯子加上了盖子，跳蚤试了几回没跳出来以后就放弃了，不久生物学家取走了这个盖子，跳蚤仍然没能跟从前一样轻松地跳出这个杯子。这就是僵化现象，跳蚤在盖子被取走之后仍然认为自己会撞到盖子，因此就不再尝试。不少人和那只跳蚤一样，多次失败后，就果断地放弃了原有的努力，丧气地认为自己是无法完成这项任务的，不管环境是否已经发生了改变。他们习惯了这种努力后的不成功，习惯了去放弃成功的一切可能，习惯了让自己鄙视自己，习惯了失败后的消极状态。这些在他们的思维模式里都是习以为常的，他们依据从前的经验去判断自己的行为结果，却没有看到环境在不断地发生变化，自己也在不断地提升和壮大，而这些都会造成不同结果的出现。他们只是一再地在固有的心智模式下，习惯放弃，从而离成功越来越远。

心智模式的僵化容易带来很多坏习惯，就像上面提到过的，习惯去否定自己的能力等。很多人在这些坏习惯里走不出自己给自己画下的圈子，失去了很多宝贵的机会。"冰冻三尺，非一日之寒"，改掉这些坏习惯，首先要改变固有的心智模式，向思维定式宣战。要知道，其他做法都是治标不治本，只有从心智模式的根源出发，从小事做起，慢慢养成好的习惯，用实际行动去改正过去的错误，才是最真实有效的办法。

　　小心，心智模式和思维一样，总是潜伏在内心世界当中，用自己看不见的方式去操纵人们的行为，人们时常察觉不到它可怕的杀伤力，所以才任由它一直操纵自己。它们就像呼吸一样不易被察觉，却是真正可怕的力量。切记，一定要走进内心去揭开心智模式的面纱，破除它们带来的坏习惯，就再也不会受它们的控制了。

　　心智成熟是从内心开始的，是从破除从前的心智模式开始的。别只是依靠过去的经验，那是不成熟、不稳重的表现。

建立的方式六：对一切抱有感恩之心

　　人要学会感激，抱着一颗感恩的心，才会明白自己获得的要比付出的多得多。这种类型的话大家一定都听过，事实上，心存感激确实十分必要。感激会让人顿时拥有从前没有的力量，刹那间改变自己的看法和感受。生活中需要感激的东西不在少数，即使是人生的低谷，也有很多事物值得用感激的眼光去对待。抽点儿时间，冷静下来，考虑一下，有哪些事情需要自己感激，再把自己的关注点转移到它们身上，尝试换个角度去欣赏身边的这个世界。特别是处在逆境中的人，这么做才能知道人生还有那么多美好被遗忘在自己的身边。

　　感激，对每个人的人生来说，都很重要，不但要感激眼前的事物，还要对未来心怀感激。尚未发生的事情，如何心存感激呢？人生路都是一路向前的，走在每一个阶段，都要想象自己在不断向前，想象自己成功克服一个又一个的困难，想象自己的未来前程是一片光明。不用等到所有事情都实实在在地发生了以后，再去感激，想象就可以帮助人们去感激未来。感激未来能够给予自己渡过现实难关的动力，因为自己总是相信黑暗过去总会是光明的，这么一来就能激发自身体内的积极能量，找到要走的路。

怎样才能做到心存感激呢？最直接的做法就是把内心想要感激的事物写下来。写完以后，再站在未来的角度给自己写封信。好好地描述一下未来的自己是如何幸福，注意别把细节给忽略了，一定把幸福的模样描述清楚。告诉自己，眼前看到的这些困难都是在为机遇作准备，要学会享受这个难得的过程，创造性地去追求自己的未来。这封信的目的很单纯，就是帮助自己设想自己已经走出了当前的困境，至于其他和感激无关的事物，都无须考虑过多。

心存感激还需要对未来抱着强烈的期待和希望。有希望才会感到生活是多么美好，才会感谢自己所经历的所有事情，才会明白自己原来获得了那么多。很多患了忧郁症的人总是自暴自弃，无法坚持配合治疗，心情受到病情的影响，一落千丈。他们缺少对生命的希望，无法感受到生命已经赋予他们的美好和幸福。他们抱怨，却无法改变什么。但是如果他们感激现在有人在关心自己，感激未来，那么还有希望重新获得健康，他们的心情会因此有大的转变。只要虔诚地相信未来，谦虚地对待现在，感激地面对自己和他人，生活就有可能随之改变。

建立的方式七：运用积极的自我暗示

　　暗示，是一个心理学上的词汇。它通常指人在某种隐性的形态下，接收来自于环境或是其他人言语、行为、情感等各个方面的刺激。对于自身而言，暗示中比较重要的部分是自我暗示。自我暗示包括通过个人的五官进入个人意识的所有信息暗示和所有刺激。一般来说，一个人自己用语言或是其他方式对自己知觉、思维、想象、情感、意志等各个方面所产生某种刺激、影响的方式都可以称之为自我暗示。人都有意识和潜意识，这两部分不是天然分离的，彼此之间的沟通就是通过自我暗示来实现的。一个人的潜意识行为举动会对内心活动提出提醒或是指令，而这一切的媒介就是自我暗示，它会根据人内心深层的需求，来提醒内心活动的意识部分要做什么，在做决定的时候要追求什么、回避什么，要如何安排行动等。因而，自我暗示可以说是一种启示、一种指令，它随时会支配和影响人的思维和行动。它就仿佛是一支看不见摸不着的指挥棒，在不断地给自己下指令。

　　积极的自我暗示可以增强自己的信心和意志，这是因为信心与意志本身就是个人内心世界的一种属性。自我暗示通过自己的方式可以诱导和修炼出个人积极的心理状态，而这种状态正是个人的信心和坚定的意志。前面提过了，自我暗示是潜意识活动和意识活动中间沟通的媒介。现代心理学发现，成功始于觉醒，心态决定命运。一个拥有成功心理的人，他必然有积极的心理状态和觉醒的自我意识。反之，消极生活的人在心理上常常出现消极的自我暗示。不同的意识与心态会带来不同的心理暗示，同时不同性质的心理暗示也是意识状态和心态各异的根源所在。两者的相互关系相当重要，人们说心态决定命运，就是基于自我暗示决定行为这一点来说的。不同的心理暗示落到实处就会带来不同的情绪和行为。

实际上，大多数的人都是普通人，也就是说既不是极度成功的人，但也不至失败得一塌糊涂。这样的境遇可以比作"半杯水"。关于"半杯水"的心理暗示也会有不同的结果。乐观的想法是，自己已经有了"半杯水"，至少不致什么都没有，现在要做的就是去享受自己所获得的"半杯水"，这么一来就会有实际行动去享受自己所获得的。而悲观的暗示是，人生的杯子里只填满了半杯，显然还不够完美，这么一想，再好的东西看来都会让人意志消沉。

由此可见，自我暗示是个很神奇的东西，它有两面性，既可以是积极的，也可以是消极的，这取决于它用什么样的方式去决定人们的行动和选择，不同的选择势必就会有不同的结果。有人说过，成功和失败可能就在一念之间。说得简单一点，自己习惯用什么样的方式去面对问题，会带来不同的结果，若是总是乐观面对，结果就可能是成功；若是用相反的想法去暗示自己，那结果就可能是失败。事实上所遇到的事情几乎相同，区别只在于暗示的不同，这就可能成为失败的关键。心理学家总是在一直强调，迈向成功的途径在于心理上多给自己提供一些积极的自我暗示，勇于乐观面对一切。

成败的关键在于自我暗示，这一点也再一次证明了个人的命运掌握在自己手中这一个颠扑不破的真理。无论是潜意识还是意识，积极的自我暗示时间长了，积极的态度就会渗入潜意识和意识当中，一旦进入了潜意识，很多积极的行为就会成为习惯，也就会随时随地地影响意识的决定和选择。

　　说到这里，不免要提一下如何实施的问题。积极的自我暗示看起来不难，但毕竟对获取成功有很大的帮助，在进行时也要慎重进行。来看看下面这几种做法。

　　（1）要把成功的信念和积极的心态通过自我暗示变成个人可以操作的方式。也就是说，通过自我暗示的积极作用，将抽象的信念和心态转化为可操作的实务。

　　（2）自我暗示要"有意识"地提醒自己的思想行为。自我暗示是可以沟通意识行为和潜意识之间的媒介。人们的意识行为有时候会受到其他一些因素的影响，而无法让自己"有意识"地控制，这时候潜意识就可以通过自我暗示来完成提醒和启示作用，发挥潜意识的巨大魔力。

　　（3）自我暗示要确立自己的目标，并把目标渗透到潜意识当中，将其作为人生模型或是发展蓝图，从而影响自己的生活和事业。

　　（4）自我暗示是具体的、实际的、可操作的，它可以把复杂抽象的心理学道理融化在创造自己的成功信念和积极心态上，并由此展开具体的行动。

建立的方式八：让幸福变得简单

　　幸福没有什么捷径，但幸福也不难。幸福几乎不需要什么基础和前提，没有什么事情可以干涉已经获得的幸福。对幸福而言，没有什么事情是必须的。记住这一点是很重要的。可是，在实际生活中，问很多人为什么他们没有幸福，他们的回答几乎都是因为缺少了某些东西，而得不到幸福。真的是这样吗？可以去问问那些已经非常幸福的人，他们是不是认为什么东西是不可或缺的。当然没有，幸福不取决于任何具体的事物，它就是一种感受，它和某个具体的人、某份具体的工作、某种成就或者是银行存款的多寡都没有关系。如果还不认同这个观点，那么请问，假设幸福和银行里的存款有关，那多少钱算得上是幸福，是不是存款金额在这个标准以下的人就都不幸福了呢？幸福可以如此量化吗？如此一来，幸福就是让人惧怕的事物了。显然这个假设不成立，每个人都有无数种选择让自己变得幸福起来。

假设一个家庭，有一个可爱的女儿降临。从此父母疼爱这个女儿，其他的长辈也爱她。小女孩就在这么多的爱之下长大，在学校的表现也好，得到老师和同学的一致好评，算得上是传统意义上的好学生。照理说，这个小女孩一定会感觉自己的生活很幸福。但是，如果从她懂事的那天起就有人一直强调："你必须找一个像某某那样的人，嫁给他才行，只有他才能给你幸福！"那该是多么残忍的一件事情，这样的话抹杀了她当下所有幸福的感觉，而暗示她的幸福只来源于某一个固定的对象。

相信大家看到上面的例子，一定都会觉得太过不可思议。可是有多少人能避免对自己做这样的事情。有多少次，自己都在心里默念，自己的幸福来自于这样一个外在的形象，或是来自于某一件特定的事情，然后因为得不到这样的人，或是完不成这些事情，就对未来充满绝望。这难道和上面说过的例子有什么不同吗？这不是同样在用一种不可思议的办法来虐待自己的精神吗？

回顾一下自己的过去是否做过如此荒唐的事情，看看现在，眼前的情况如何，是不是还在持续这样的状况。答案如果是肯定的，那赶紧告诉自己必须改变，否则幸福就会从身边溜走。不要把自己幸福的全部筹码都压在他人身上，幸福是自己掌握的生活状态，和他人无关，只要自己可以积极地面对未来，幸福就会降临。也许，在某一刻，突然感觉生活变得非常糟糕，自己已经走投无路了，但也不要轻易把幸福的决定权交予他人。回想一下从前自己经历过的困难，是不是也同这一次一样，又或许比这一次更糟糕，既然以前克服了，那么这一次为何不能挺过去呢？或许自己把太多的精力都集中在情形有多糟糕上了，却没有意识到自己其实可以想办法去克服这些困难。当困难克服了，幸福依旧会重新到来，而这一切和任何人都没有太多关系，只取决于自己。

建立的方式九：别让"过去"堵住"未来"的路

　　回顾过去，可不是一味地让过去堵住自己未来的路。常常听人说，人年纪大了就容易怀旧。"怀旧"这个词乍听起来是个很有意境的词语，它似乎代表了某一个人对过去的怀念，但客观来说，怀旧是人的一种特殊行为，是对现实生活的逃避所表现出来的做法。大家都可以回忆一下，怀旧是不是容易把过去的那些不愿意回忆的痛苦和压抑给隐藏了，想起的都是些让人无法割舍的情绪，它会把过去的生活彻底美化，再把原本美好的那些东西的力量无限度地放大。这样一来，人们就容易在几次类似的回忆中把自己怀旧想起的内容当作自己真实的过去。而这些所谓的由自己构筑的"真实"会让怀旧的人产生莫大的失落感，那碾碎了痛苦的怀旧所营造的安宁和情调，会让人禁不住一再地回首，禁不住失落连连。

　　不是不允许人怀旧，过去的美好是值得回忆的。只不过，怀旧也要适当，过分地怀旧以致陷落在沉重的失落感中，并且因此而否定现实，那就是病态了。怀旧情绪过于浓厚，不利于人们对未来的追寻，是会阻碍人们往前行的。何况很多人都没有认识到，怀旧的对象是一个人很明显的弱点和缺陷，这些都是很容易被人利用的"死穴"。而且过度的怀旧就是一种对过去的病态的深究，它会在很大程度上阻碍自己进步，必须尽快调试过来。

　　或许有人不愿意承认怀旧是为了逃避现实，事实却一次又一次地证明确实如此。过去的情境越美好，就说明自己对现实越不满意。靠怀念过去来让自己忘掉现在是个不好的做法，对自身无益，它只会让人养成逃避成熟思考的习惯，而一再地在自己营造的幻境中不知所踪。

　　不知道大家有没有发现，自己的身边总有那么一类人，无论什么时间看到他们都是面露难色，尤其是他们在谈论自己的现状时，他们会重复地使用以下这几个词："如果""只要"，说起这些他们的声音和语调都显得快乐。听他们的话似乎问题只有在"如果""只要"的情形下才有可能解决，而现在的状况是完全没办法搞定的。可惜，现实中没有那么多"如果""只要"，因为这些字眼是不可能改变既成事实的。还要注意，他们还有一个共同的特点，就是在提起过去的时候，情绪都会很高涨。这一切都是过分怀旧的典型表现。首先，他们用假设来代替现在，而这种做法容易变成自己不去努力改变现实的借口，阻碍自己成功。其次，他们没有脱离生活的"过去式"，对现在还是一再地假设，更别提未来了。不厌其烦地去重复诉说往事，却没有人生的"未来式"，那未来还怎么走下去？再次，无论是过去、现在，还是他们忽略的未来，自己都是事件的中心，也就是说，自己才是掌握自己命运的主宰者，但总是把过多时间放在追忆过去的自己上，如何能体验现在，如何能掌好未来的方向呢？总之，"怀旧病"是会影响我们正常生活的。

打个不恰当的比方，昨天就像是用过的支票，再也别指望它能从银行中提现，而明天则是尚未发行的债券，还没有在市场上流通，只有今天才是实实在在的"现金"，可以帮我们买到任何自己想要买到的东西。每个人都要知道这一点，现在要比过去重要许多许多。现在是人们即时拥有的财富，不像过去已经再也无法使用，如果挥霍掉现在，那就是一种对生命的不负责任。过去再美好，也已随着时间的流逝沉淀成每个人的记忆了。如果不去珍惜现在，只能是让一个又一天的今天过成昨天，成为回忆。

回忆本身没有错，但被回忆给囚禁了，就不是人生应该有的态度。对于过去，经历过的酸甜苦辣都应该被珍藏，但是更重要的是过好现在，把现在所有的东西一一体验，时间是留给今天的，而不是已经过去的昨天。

建立的方式十：打开内心世界的大门

命运都掌握在自己的手里，那么启动自己的生命力，就必须打开自己的心灵之门，根据现实情况来改变自己，增强内心的承受力。如果内心世界一直都处于封闭的状态，那么生命力就会受到约束，对于未来就会有明显的无力感，这不是人们想要看到的结果。

曾经有个故事是这么说的：一个垂钓者在岸边垂钓，身边有几名游客在欣赏海景的同时，也在围观垂钓者钓鱼。不一会儿，一条大鱼被钓了上来，垂钓者很轻松地把还在活蹦乱跳的鱼从鱼钩上取下，顺手又扔进了海里。周围围观的人纷纷发出惊呼，难道如此一条大鱼垂钓者还不满意吗？他们都在议论这个垂钓者的野心实在是太大了。可就在此时，垂钓者又是一扬，这次他钓上来的比前一条小多了，他还是把它扔回了海里，他甚至不愿意多看一眼。第三次垂钓者钓上来的鱼就更小了。众人认为垂钓者也会把它放回大海。不料这一次，垂钓者却小心翼翼地把鱼取下来放进自己的鱼篓里。众人百思不得其解，问他为何舍大鱼留小鱼。垂钓者说："我家最大的盘子只有一尺长，太大的鱼钓回去，盘子装不下。"垂钓者舍大鱼留小鱼的做法，是普通人难以理解的取舍标准。而垂钓者的唯一理由居然只是家里盘子太小了。很多人对此觉得不可思议。事实上，在实际生活经历中，谁都经历过相似的事情，只不过没有指出这一点罢了。例如，有人不敢大胆去追逐自己的梦想，只因为自己没有显赫的背景；因为自己没有高学历，就轻易不敢立下大志，等等。这些和上面的垂钓者有什么本质上的区别呢？自身存在缺陷本来没有错，但是因此就缩手缩脚，什么都不敢去做，不敢去改变自己，不敢打破原有的僵局，就不可能改变自己的人生。重新启动自己的生命力去追求新的理想，必须打开心灵，解放自己，给自己的生活换一个大一点的"盘子"，就不会错过命运赐予的"大鱼"了。

心态打开了，你会发现原来身边躲藏着那么多自己从前没有发现的机会。怎样才算是真正的心态开放呢？这包含两个方面，一方面是自己对外部世界的开放，勇于接受来自外部世界的一切；另一方面是对自己内心世界的开放，也就是反思自我开放的心态。二者缺一不可。拥有了这两者，才有重启自己生命力的动力，一个人生命力无限旺盛的时候，就是这个人心态最为开放的时候。

　　大家都知道，如果一栋房子少了窗户，外面的阳光和新鲜的空气就进不来。但如果一栋有窗户的房子始终不愿意打开窗户，阳光和空气也同样无法进来。人的心灵就好比是这栋房子，没有对外开启"心窗"是绝对发现不了新机会的。但是如果内部有了"心窗"却不愿意朝外打开，结果也是一样的。所以，必须先有窗户，再把窗户打开，这样视野才会开阔，心灵才能通达。"心窗"若是没有被打开，人的心就会一片模糊，看不清自己，也看不清世界。

　　在这个世界上，每天都会有很多人因为没有开启自己的"心窗"而感到迷茫，他们出入心理治疗师的诊室，但仍然对自己的生命十分困惑。这不怪心理治疗师，这是他们自身的错，是他们自己不以开放的心态去接受世间的万物，把自己的心灵封闭在一定的空间里、一定的模式里，拒绝改变自己的人生。

　　世事不能尽如人意，因此，害怕受到伤害的人们就日复一日地作茧自缚，陷入困扰，只求自己平安，却忘了用开放的心态去接受它。于是，人们捡了芝麻丢了西瓜，因为逃避而失去了发展的机会。